U0622507

2024
中国水生动物卫生状况报告

2024 AQUATIC ANIMAL HEALTH IN CHINA

农业农村部渔业渔政管理局
Bureau of Fisheries, Ministry of Agriculture and Rural Affairs

全国水产技术推广总站
National Fisheries Technology Extension Center

中国农业出版社
北 京

编 写 说 明

一、《2024中国水生动物卫生状况报告》以正式出版年份标序。其中，若无特别说明，第一章至第五章内容的起讫日期为2023年1月1日至2023年12月31日；第六章内容的截止日期为2024年6月30日。

二、本资料所称疾病，是指水生动物受各种生物性和非生物性因素的作用，而导致正常生命活动紊乱甚至死亡的异常生命活动过程。本资料所称疫病，是指传染病，包括寄生虫病。本资料所称新发病，是指未列入我国法定疫病名录，近年在我国新确认发生，且对水产养殖产业造成严重危害，并造成一定程度的经济损失和社会影响，需要及时预防、控制的疾病。

三、本资料内容和全国统计数据中，均未包括香港特别行政区、澳门特别行政区和台湾省。

四、读者对本报告若有建议和意见，请与全国水产技术推广总站联系。

　　2023年是贯彻落实党的二十大精神开局之年，是"十四五"规划承上启下的关键之年，全国水生动物疫病防控体系紧紧围绕水产养殖业高质量发展和渔业现代化建设目标，积极进取，开拓创新，取得了良好成效。组织实施《2023年国家水生动物疫病监测计划》，在全国30个省（自治区、直辖市）和新疆生产建设兵团对14种重要疫病开展专项监测和调查。持续组织开展全国水产养殖动植物疾病测报，对主要养殖区域、主要养殖品种的发病状况进行监测预警。水产苗种产地检疫制度有序推进，发布实施《无规定水生动物疫病苗种场评估管理办法》，启动了无规定水生动物疫病苗种场评估工作。进一步落实《全国动植物保护能力提升工程建设规划（2017—2025年）》，继续组织开展全国水生动物防疫系统实验室检测能力验证，换届成立第三届农业农村部水产养殖病害防治专家委员会，完善我国水产养殖病害防治标准体系，举办线上"全国水产养殖疾病防控专家直播大讲堂"，编印《水生动物防疫系列宣传图册》等材料，组织制作重要水生动物疫病系列科普宣传视频，有效应对环渤海地区凡纳滨对虾传染性肌坏死病等水生动物突发疫情，为确保不发生区域性重大水生动物疫情，促进提升水产品稳产保供能力发挥了重要支撑作用。

2024年，全国水生动物疫病防控体系将围绕构建多元化食物供给体系和渔业现代化建设目标，凝心聚力，多措并举，不断提高水生动物疫病防控能力，为保障水产品稳定安全供给和渔业高质量发展保驾护航。

编　者

2024年8月

目 录

第一章 2023年全国水生动植物疾病发生概况

2023年，农业农村部继续组织开展全国水产养殖动植物疾病测报，实施《2023年国家水生动物疫病监测计划》，对主要养殖区域、重要养殖品种的主要疾病进行监测。监测养殖面积约29万公顷，约占水产养殖总面积的4%。

一、发生疾病养殖种类

根据全国水产养殖动植物疾病测报结果，2023年对82种养殖种类进行了监测，监测到发病的养殖种类有67种，包括鱼类40种、虾类10种、蟹类3种、贝类9种、藻类2种、两栖/爬行类2种、棘皮动物类1种，主要的养殖鱼类和虾类都监测到疾病发生（表1）。

表1 2023年全国监测到发病的养殖种类

类别		种类	数量
淡水	鱼类	青鱼、草鱼、鲢、鳙、鲤、鲫、鳊、泥鳅、鲶、鮰、黄颡鱼、鲑、鳟、河鲀、长吻鮠、黄鳝、鳜、鲈、乌鳢、罗非鱼、鲟、鳗鲡、鲮、胭脂鱼、倒刺鲃、鲌、笋壳鱼、梭鱼、光唇鱼、马口鱼、金鱼、锦鲤	32
	虾类	罗氏沼虾、日本沼虾、克氏原螯虾、凡纳滨对虾、澳洲岩龙虾	5
	蟹类	中华绒螯蟹	1
	贝类	螺	1
	两栖/爬行类	龟、鳖	2

(续)

类别		种类	数量
海水	鱼类	鲈、鲆、大黄鱼、河鲀、石斑鱼、鲷、半滑舌鳎、卵形鲳鲹	8
	虾类	凡纳滨对虾、斑节对虾、中国明对虾、日本囊对虾、脊尾白虾	5
	蟹类	梭子蟹、拟穴青蟹	2
	贝类	牡蛎、鲍、螺、蛤、扇贝、蛏、蚶、贻贝	8
	藻类	海带、紫菜	2
	棘皮动物	海参	1
合计			67

二、主要疾病

　　淡水鱼类主要疾病有：鲤春病毒血症、草鱼出血病、传染性脾肾坏死病、锦鲤疱疹病毒病、传染性造血器官坏死病、鲫造血器官坏死病、鲤浮肿病、传染性胰脏坏死病、大口黑鲈蛙虹彩病毒、鳜鱼弹状病毒病、淡水鱼细菌性败血症、鱼爱德华氏菌病、链球菌病、细菌性肠炎病、诺卡氏菌病、小瓜虫病、三代虫病、指环虫病、水霉病等。

　　海水鱼类主要疾病有：病毒性神经坏死病、石斑鱼虹彩病毒病、鱼爱德华氏菌病、诺卡氏菌病、大黄鱼内脏白点病、刺激隐核虫病、本尼登虫病等。

　　虾蟹类主要疾病有：白斑综合征、十足目虹彩病毒病、传染性皮下和造血组织坏死病、急性肝胰腺坏死病、虾肝肠胞虫病、河蟹螺原体病等。

　　贝类主要疾病有：牡蛎疱疹病毒病等。

　　两栖、爬行类主要疾病有：鳖腮腺炎病、蛙脑膜炎败血症、鳖溃烂病、红底板病等。

三、主要养殖模式的发病情况

　　2023年监测的主要养殖模式有海水池塘、海水网箱、海水工厂化、淡水池塘、淡水网箱和淡水工厂化。从不同养殖模式的发病情况看，平均发病面积率约9.6%，与2022年相比有所降低。其中，海水池塘养殖、海水工厂化养殖和淡水网箱养殖发病面积率仍然维持在较低水平；但是，海水网箱养殖的发病面积率与上一年相比增幅较大；淡水池塘养殖和淡水工厂化养殖发病面积率比上一年有所降低（图1）。

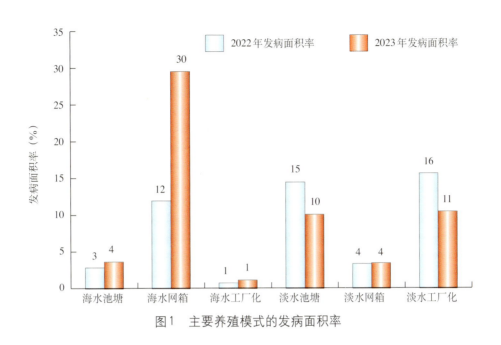

图1　主要养殖模式的发病面积率

四、经济损失情况

2023年，我国水产养殖因疾病造成的测算经济损失约498亿元（人民币，下同），约占水产养殖总产值的3.8%，约占渔业产值的3.1%，比2022年减少了19亿元。但是疾病依然是水产养殖产业发展的主要瓶颈。2023年，草鱼出血病、病毒性神经坏死病、石斑鱼虹彩病毒病、淡水鱼细菌性败血症以及越冬综合征等对鱼类养殖造成较大危害；十足目虹彩病毒病、白斑综合征、急性肝胰腺坏死病、虾肝肠胞虫病等对甲壳类养殖造成较大危害；牡蛎疱疹病毒病等对贝类养殖造成较大危害。另外，草鱼、大口黑鲈、凡纳滨对虾等主要养殖品种均发生不同规模疫情；受海区营养盐缺乏等因素影响，江苏连云港海区养殖紫菜出现生长缓慢、泛黄等现象，也造成了一定的经济损失。

在疾病造成的经济损失中，贝类损失最大，为160.5亿元，约占32.2%；甲壳类损失145亿元，约占29.1%；鱼类损失141亿元，约占28.3%；其他水生动物损失34.5亿元，约占7.0%；海带等海水藻类损失17亿元，约占3.4%。主要养殖种类测算经济损失情况如下：

（1）**鱼类**　因疾病造成测算经济损失较大的主要有：鲈19亿元，草鱼18亿元，鳜15亿元，石斑鱼12亿元，鲫9亿元，鳙9亿元，鳗鲡8亿元，黄颡鱼8亿元，鲤7亿元，大黄鱼7亿元，鲢6亿元，罗非鱼5亿元，卵形鲳鲹4亿元，乌鳢4亿元，黄鳝4亿元，鮰3亿元，鲟鱼和鲑鳟2亿元，鲆鲽类1亿元。和2022年相比，2023年除鲈、鳜、鳙等少数品种因疾病经济损失有所增加外，大部分鱼类养殖品种测算经济损失与2022年基本持平或略有下降。

（2）**甲壳类**　因疾病造成测算经济损失较大的主要有：凡纳滨对虾59亿元，中华绒螯蟹46亿元，罗氏沼虾20亿元，克氏原螯虾7亿元，斑节对虾5亿元，拟穴青蟹5亿元，梭子蟹3亿元。和2022年相比，2023年中华绒螯蟹养殖情况整体良好，发病情况有所减轻。总体而言，甲壳类的测算经济损失与2022年相比略有下降。

（3）**贝类** 因疾病造成测算经济损失较大的主要有：牡蛎67亿元，扇贝24亿元，蛏22亿元，蛤20亿元，鲍17亿元，蚶6亿元，螺4亿元，贻贝0.5亿元。和2022年相比，2023年螺、鲍等养殖品种发病情况有所缓解，但是牡蛎、扇贝等养殖品种发病死亡率有所增加。总体而言，贝类的测算经济损失比2022年略有增加。

（4）**其他水生动物** 因疾病造成测算经济损失较大的主要有：海参28亿元，鳖6亿元，龟0.5亿元。总体而言，其他水生动物2023年测算经济损失比2022年略有增加。

另外，水生植物因疾病造成测算经济损失较大的主要有：海带5亿元，紫菜12亿元。2023年山东荣成养殖海带的发病情况比2022年有所缓解，造成的测算经济损失大幅降低。但是，受连云区、徐圩新区养殖紫菜不出苗、烂苗情况影响，2023年江苏连云港海域紫菜产量和产值受损较为严重。

五、2024年发病趋势分析

总体上，由于受我国重要疫病专项监测覆盖面不足、现有水生动物疫苗种类较为有限、养殖者生物安全意识和防护能力参差不齐等问题影响，加之水产养殖品种、模式增多以及自然灾害等因素，2024年水生动植物疫病防控形势依然严峻，局部地区仍有可能出现突发疫情。草鱼、大黄鱼、黄颡鱼、大口黑鲈、斑点叉尾鲖等养殖品种仍有可能出现病毒性、细菌性疾病高发现象，造成经济损失。十足目虹彩病毒病、白斑综合征、虾肝肠胞虫病等疾病仍有可能对甲壳类养殖品种造成较大危害。海藻养殖过程中，需及时关注气象、水温和营养盐变化，防止海带泡烂和紫菜高温烂菜等。

第二章 水生动物重要疫病风险评估

2023年，农业农村部发布了《2023年国家水生动物疫病监测计划》（以下简称《国家监测计划》），针对鲤春病毒血症等重要水生动物疫病进行专项监测和调查，同时组织专家进行了风险评估。

一、鱼类疫病

（一）鲤春病毒血症（Spring viraemia of carp，SVC）>>>>>

1.监测情况

（1）监测范围　《国家监测计划》对SVC的监测范围包括北京、天津、河北、山西、内蒙古、辽宁、吉林、上海、江苏、江西、山东、河南、湖北、湖南、重庆、四川、陕西、宁夏和新疆19个省（自治区、直辖市）和新疆生产建设兵团，涉及134个区（县）、182个乡（镇）。监测采样对象主要有鲤和锦鲤，以及少量草鱼、金鱼、鲢和鳙等。

（2）监测结果　共设置监测养殖场点218个，检出鲤春病毒血症病毒（SVCV）阳性养殖场点10个，平均阳性养殖场点检出率为4.6%。其中，国家级原良种场9个，未检出阳性；省级原良种场43个，阳性2个，检出率4.7%；苗种场35个，未检出阳性；观赏鱼养殖场33个，未检出阳性；成鱼养殖场98个，阳性8个，检出率8.2%（图2）。

在19省（自治区、直辖市）和新疆生产建设兵团中，天津、山西、内蒙古和辽宁4省（自治区、直辖市）检出了阳性样品。其中天津5个监测养殖场点检出了1个阳性；山西5个监测养殖场点检出了1个阳性；内蒙古5个监测养殖场点检出了1个阳性；辽宁15个监测养殖场点检出了7个阳性。

19省（自治区、直辖市）和新疆生产建设兵团共采集样品229批次，检出阳性样品10批次，平均阳性样品检出率为4.4%，所有批次阳性样品属于Ⅰa基因亚型。

图2　2023年各类型养殖场点SVCV阳性检出情况

（3）阳性养殖品种和养殖模式　监测的养殖品种有鲤、锦鲤、草鱼、鲫、金鱼、鲢、鳙、洛氏鲅。其中，在鲤和锦鲤中检出了阳性样品。阳性养殖场的养殖模式为淡水池塘养殖。

2. 风险评估

（1）随着新冠疫情防控措施的解除，养殖场间SVCV交叉感染的风险增加。2023年从4省（自治区、直辖市）的10个养殖监测点中检出10批次SVCV阳性样品，养殖场点阳性检出率为4.6%，阳性检出率较前两年（2021和2022年均只检出1个阳性监测点）上升明显。人员、货物等跨区域流动，养殖场间SVCV交叉感染的风险增加，应规范对阳性养殖场的后续处置，做好阳性养殖场的流行病学信息调查，降低交叉感染风险。

（2）加强对连续检测出阳性样品省份地区的监测力度。我国已在23个省（自治区、直辖市）和新疆生产建设兵团开展了SVC监测，仅有青海省和广西壮族自治区未监测到阳性样品。山西省连续两年有阳性检出，另外辽宁、内蒙古、天津、湖北、河南等省（自治区、直辖市），近年阳性样品检出较多，必要时应加大对这些地区的监测和防控力度，降低疫情暴发风险。

（3）苗种传播SVCV的风险较高，应强化苗种产地检疫，提高苗种管理质量。

（二）锦鲤疱疹病毒病（Koi herpesvirus disease，KHVD）　>>>>>

1. 监测情况

（1）监测范围　2023年对KHVD的监测范围包括北京、天津、河北、内蒙古、辽宁、吉林、黑龙江、江苏、安徽、江西、山东、湖南、广东、重庆、四川、陕西共16个省（自治区、直辖市），涉及134个区（县）、190个乡（镇），监测对象主要是锦鲤、鲤。

（2）**监测结果**　共设置监测养殖场点228个，检出锦鲤疱疹病毒（KHV）阳性养殖场点2个，平均阳性养殖场点检出率为0.9%。其中，国家级原良种场4个，未检出阳性；省级原良种场22个，未检出阳性；苗种场44个，未检出阳性；观赏鱼养殖场70个，1个阳性，检出率是1.4%；成鱼养殖场88个，1个阳性，检出率为1.1%（图3）。

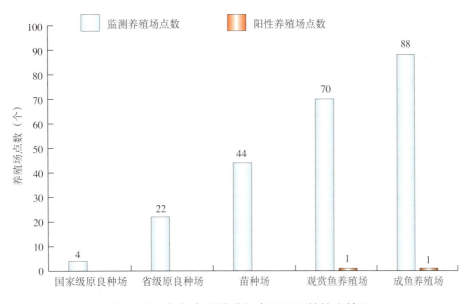

图3　2023年各类型养殖场点KHV阳性检出情况

在16省（自治区、直辖市）中，河北和安徽2省检出了阳性样品。其中，河北37个监测养殖场点检出了1个阳性；安徽20个监测养殖场点检出了1个阳性。

16省（自治区、直辖市）共采集样品247批次，检出阳性样品2批次，平均阳性样品检出率为0.8%。

（3）**阳性养殖品种和养殖模式**　监测的养殖品种主要是锦鲤、鲤。锦鲤和鲤均检出了阳性样品。阳性养殖场的养殖模式均为淡水池塘养殖。

2. 风险评估

2023年度监测结果显示，KHV阳性养殖场点检出率为0.8%，相比2022年，阳性检出率有所降低。

连续十年的监测结果分析显示，包括国家级原良种场在内的各种类型监测点中均有锦鲤感染KHV。而且，在近十年检出的KHV阳性样品中，锦鲤样品为63批次，占阳性样品总数的71.6%，其阳性检出率要远远高于其他养殖品种，因此其养殖感染风险无疑是最大的。鲤共检出22批次KHV阳性，除了国家级原良种场，包括省级原良种场在内的其他四种类型养殖场点均检出过KHV阳性。禾花鲤共检出过3批次KHV阳性，均为2014年检出。综上所述，锦鲤依然是KHV感染的最主要风险品种，其次是鲤，其普通变种的感染风险较小。

从不同类型监测点监测结果来看，所有类型的养殖场均检出过KHV阳性。由于锦鲤养殖以观赏鱼养殖场为主，因此，相比其他类型的养殖场，观赏鱼养殖场感染风险最高，其次是成鱼养殖场、苗种场，国家级原良种场和省级原良种场感染风险相对较低一些。往年检出阳性较多的地区近年来阳性检出率逐渐下降，表明苗种产地检疫以及专项监测力度的不断加强，在KHV监测与防控方面起到显著效果。

（三）草鱼出血病（Grass carp heamorrhagic diease，GCHD）〉〉〉〉〉

1. 监测情况

（1）**监测范围** 《国家监测计划》对GCHD的监测范围是天津、河北、山西、吉林、上海、江苏、浙江、安徽、江西、山东、河南、湖北、湖南、广东、广西、重庆、四川、贵州、宁夏19省（自治区、直辖市），涉及188个区（县）、242个乡（镇）。监测对象以草鱼为主，另包括8批次青鱼样品。

（2）**监测结果** 共设置监测养殖场点304个，检出草鱼呼肠孤病毒（GCRV）阳性养殖场点53个，平均阳性养殖场点检出率为17.4%。其中，国家级原良种场10个，2个阳性，检出率20.0%；省级原良种场67个，10个阳性，检出率14.9%；苗种场111个，20个阳性，检出率18.0%；观赏鱼养殖场1个，未检出阳性；成鱼养殖场115个,21个阳性，检出率18.3%（图4）。

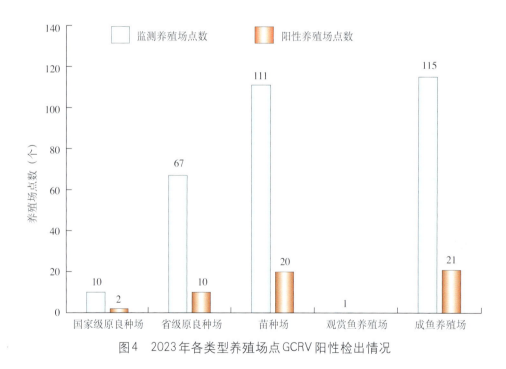

图4　2023年各类型养殖场点GCRV阳性检出情况

在19省（自治区、直辖市）中，天津、河北、安徽、江西、河南、湖北、湖南、广东、广西、重庆和贵州11省（自治区、直辖市）检出了阳性样品。其中，天津的阳性养殖场点检出率最高，5个养殖场点检测结果均为阳性；其次是贵州，5个养殖场点均检出4个阳性。

19省（自治区、直辖市）共采集样品323批次，检出阳性样品55批次，平均阳性样品检出率为17.0%。

（3）**阳性养殖品种和养殖模式** 监测的养殖品种为草鱼和青鱼，其中，仅在草鱼中检出了阳性样品，阳性养殖场的养殖模式全部为淡水池塘养殖。

2. 风险评估

自2015年以来已连续9年开展监测，GCRV不仅在广东、湖北等草鱼苗种生产地区检测到阳性样品，在广西、江西、湖南等草鱼成鱼养殖地区也有阳性样品检出。在2023年所有GCRV阳性检出样品中，10cm以下的样品占阳性样品总数的47.3%，10~20cm的样品占阳性样品总数的41.8%，大于20cm的样品占阳性样品总数的10.9%，表明草鱼苗种占阳性样品比例最高。苗种携带病原进一步加大了草鱼出血病随苗种流通在养殖地区之间传播的风险。

（四）传染性造血器官坏死病
（Infectious haematopoietic necrosis，IHN）>>>>>

1. 监测情况

（1）**监测范围** 《国家监测计划》对IHN的监测范围包括北京、河北、辽宁、吉林、黑龙江、山东、云南、陕西、甘肃、青海和新疆11个省（自治区、直辖市），涉及45个区（县）、64个乡（镇）。监测对象是鲑鳟鱼类，主要是虹鳟（包括金鳟）。

（2）**监测结果** 共设置监测养殖场点114个，检出传染性造血器官坏死病毒（IHNV）阳性养殖场点12个，平均阳性养殖场点检出率为10.5%。其中，国家级原良种场2个，未检出阳性；省级原良种场8个，阳性3个，检出率37.5%；苗种场19个，阳性1个，检出率5.3%；引育种中心1个，未检出阳性；成鱼养殖场84个，阳性8个，检出率9.5%（图5）。

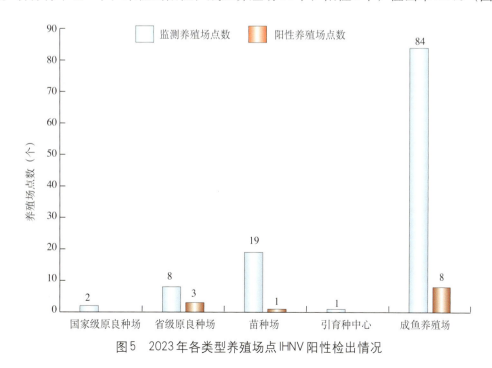

图5 2023年各类型养殖场点IHNV阳性检出情况

11省（自治区、直辖市）中，在河北8个、辽宁1个、吉林1个和甘肃2个监测养殖场点检出阳性。

11省（自治区、直辖市）共采集样品151批次，检出阳性样品13批次，平均阳性样品检出率为8.6%。

（3）阳性养殖品种和养殖模式　监测的养殖品种有虹鳟和鲑。其中阳性样品均为虹鳟。阳性养殖场的养殖模式为流水养殖和淡水网箱养殖。

2. 风险评估

2023年全国阳性养殖场点检出率与2022年基本持平。吉林省自2015年开展监测以来，首次检出IHNV阳性，且为省级原良种场。往年检出阳性的省份有的在本年度未检出，但不排除依然会有IHNV存在。在我国虹鳟IHN发生风险依然较高，需要持续加强防控工作。

（五）病毒性神经坏死病（Viral nervous necrosis，VNN）　>>>>>

1. 监测情况

（1）监测范围　《国家监测计划》对VNN的监测范围包括天津、辽宁、浙江、福建、山东、广东、广西和海南等8个省（自治区、直辖市），涉及50个区（县）、67个乡（镇）。监测对象以石斑鱼、鲆、卵形鲳鲹、大黄鱼、半滑舌鳎、鲷和鲈（海）等海水鱼类为主。

（2）监测结果　共设置监测养殖场点123个，检出鱼类神经坏死病毒（NNV）阳性养殖场点22个，平均阳性养殖场点检出率为17.9%。其中，国家级原良种场5个，未检出阳性；省级原良种场28个，阳性7个，检出率25.0%；苗种场33个，阳性9个，检出率27.3%；成鱼养殖场57个，阳性6个，检出率10.5%（图6）。

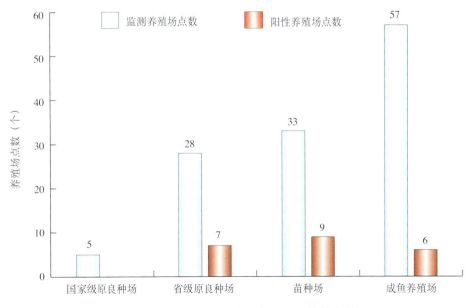

图6　2023年各类型养殖场点NNV阳性检出情况

在8省（自治区、直辖市）中，浙江、福建、山东、广东、广西和海南检出了阳性样品。其中，广东的阳性养殖场点检出率最高，17个监测养殖场点检出了10个阳性。

8省（自治区、直辖市）共采集样品143批次，检出阳性样品23批次，平均样品阳性检出率为16.1%。

（3）阳性养殖品种和养殖模式　监测的养殖品种包括石斑鱼、鲆、卵形鲳鲹、大黄鱼、半滑舌鳎、鲷、鲈（海）、鲽、许氏平鲉、绿鳍马面鲀、河鲀（海）、鲻、美国红鱼和大泷六线鱼等。其中，在石斑鱼、鲈（海）、半滑舌鳎、鲷和美国红鱼中检出了阳性样品。阳性养殖场的养殖模式有池塘养殖、工厂化养殖和网箱养殖。

2. 风险评估

（1）易感宿主种类增加　自2016年我国将VNN列入监测计划以来，共检测出阳性样品285批次，品种包括石斑鱼、卵形鲳鲹、鲆、河鲀（海）、大黄鱼、鲈（海）、鲷、半滑舌鳎和美国红鱼等，监测结果显示，NNV在我国感染的宿主种类仍在逐渐增加。

（2）苗种场感染风险较高　2016—2023年，各类型养殖场点NNV阳性检出率分别为：国家级原良种场2.9%、省级原良种场26.7%、苗种场23.4%、成鱼养殖场13.0%。另外，在2016—2023年检测出的285批次阳性样品中，规格在10cm以下的有245批次，占阳性样品的86.0%，说明NNV感染的对象仍然以苗种为主。

（3）VNN主要在我国海水主养区流行　在2016—2023年连续8年的监测中，陆续在河北、福建、海南、天津、山东、广东、广西和浙江等我国海水主养区检出NNV阳性样品，特别是福建、广东和海南等石斑鱼主要养殖区域，几乎每年都会检出阳性样品，且阳性样品检出率和阳性养殖场点检出率均保持较高水平，是VNN流行的主要区域。

（六）鲫造血器官坏死病
(Crucian carp haematopoietic necrosis，CHN) 〉〉〉〉〉

1. 监测情况

（1）监测范围　《国家监测计划》对CHN的监测范围包括北京、天津、河北、内蒙古、吉林、上海、江苏、浙江、安徽、江西、山东、河南、湖北、湖南、广东、重庆和四川17个省（自治区、直辖市），涉及154个（区）县、203个乡（镇），监测对象主要是鲫，少部分为金鱼和鲤。

（2）监测结果　共设置监测养殖场点255个，检出鲤疱疹病毒Ⅱ型（CyHV-2）阳性养殖场点10个，平均阳性养殖场点检出率3.9%。其中，国家级原良种场9个，未检出阳性；省级原良种场44个，未检出阳性；苗种场64个，阳性1个，检出率1.6%；观赏鱼养殖场13个，未检出阳性；成鱼养殖场125个，阳性9个，检出率7.2%（图7）。

在17省（自治区、直辖市）中，江苏和安徽2省检出阳性样品。其中，江苏53个监测养殖场点检出了9个阳性；安徽33个监测养殖场点检出了1个阳性。

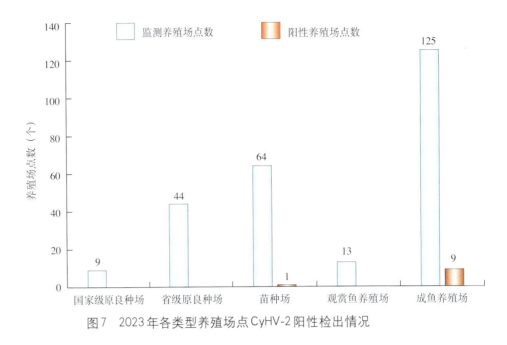

图7 2023年各类型养殖场点CyHV-2阳性检出情况

17省（自治区、直辖市）共采集样品272批次，检出阳性样品10批次，平均阳性样品检出率为3.7%。

（3）**阳性养殖品种和养殖模式** 监测的养殖品种包括鲤、鲫和金鱼，以鲫为主。其中阳性样品均为鲫。阳性养殖场的养殖模式均为池塘养殖。

2. 风险分析

（1）从CyHV-2阳性样品种类来看，2023年只有鲫检出阳性。与2022年鲫的监测结果相比较（阳性检出率为1.1%），2023年的阳性样品检出率明显升高；与2022年的金鱼监测结果相比较，2023年金鱼未检出阳性，但仍需对我国观赏鱼养殖场CHN的发生流行情况多加关注。

（2）从CyHV-2阳性区域分布来看，在2023年纳入监测的17个省（自治区、直辖市）中，有2个省检出了阳性样品，分别是江苏和安徽。建议继续进行跟踪监测，加强防控。根据2015—2022年的监测结果，北京连续8年检出阳性样品，虽然2023年未出现阳性样品，但仍建议持续跟踪监测北京CHN的发生流行情况。

（3）从阳性养殖场点的类型来看，2023年的10个阳性养殖场点分布在苗种场和成鱼养殖场，而国家级原良种场、省级原良种场和观赏鱼养殖场均未检测出阳性样品。因此需对我国苗种场和成鱼养殖场CHN的发生流行情况多加关注，加强对阳性养殖场点在苗种养殖和成鱼运输过程中的CHN监管，以免病原进一步扩散。

（七）鲤浮肿病（Carp edema virus disease，CEVD）>>>>>

1. 监测概况

（1）**监测范围** 《国家监测计划》对CEVD的监测范围包括北京、天津、河北、内蒙古、辽宁、吉林、黑龙江、上海、江苏、江西、山东、河南、湖南、广东、重庆、贵州16个省（自治区、直辖市），涉及120个县（区）、166个乡（镇）。监测对象主要是鲤和锦鲤。

（2）**监测结果**　共设置监测养殖场点207个，检出鲤浮肿病毒（CEV）阳性养殖场点18个，平均阳性养殖场点检出率为8.7%。其中，国家级原良种场4个，未检出阳性；省级原良种场25个，阳性1个，检出率4.0%；苗种场51个，阳性3个，检出率5.9%；观赏鱼养殖场39个，阳性6个，检出率15.4%；成鱼养殖场88个，阳性8个，检出率9.1%（图8）。

图8　2023年各类型养殖场点CEV阳性检出情况

在16省（自治区、直辖市）中，北京、河北、江西、湖南等4省（直辖市）检出了阳性样品。

16省（自治区、直辖市）共采集样品221批次，检出阳性样品18批次，平均阳性样品检出率为8.1%。

（3）**阳性养殖品种和养殖模式**　监测的养殖品种主要是鲤和锦鲤，均有阳性样品检出。阳性养殖场的养殖模式为淡水池塘养殖。

2. 风险评估

2023年，全国CEVD发生后死亡率较发生高峰年份有所下降，但在16个监测省（自治区、直辖市）中4个有阳性，且阳性养殖场点检出率依然较高，达到8.7%。我国依然存在CEVD扩散和发生风险，应持续重视并加强鲤和锦鲤养殖场监测和健康管理。

（八）传染性胰脏坏死病（Infectious pancreatic necrosis，IPN）　>>>>>

1. 调查概况

（1）**调查范围**　《国家调查计划》对IPN的调查范围包括北京、河北、吉林、黑龙江、四川、陕西、甘肃、青海和新疆9个省（自治区、直辖市），涉及32个（区）县、40个乡（镇）。调查对象主要为虹鳟（包括金鳟）。

（2）**调查结果** 共设置监测养殖场点54个，检出了传染性胰脏坏死病毒（IPNV）阳性养殖场点2个，平均阳性养殖场点检出率为3.7%。其中，国家级原良种场2个，未检出阳性；省级原良种场5个，未检出阳性；苗种场8个，阳性1个，检出率12.5%；引育种中心1个，未检出阳性；成鱼养殖场38个，阳性1个，检出率2.6%（图9）。

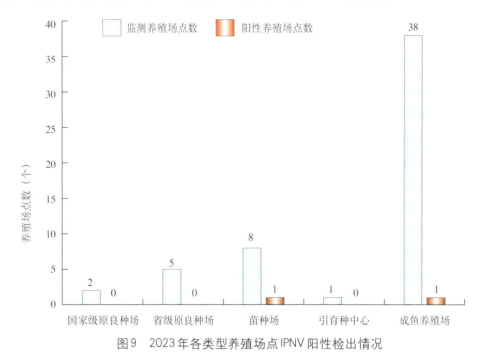

图9　2023年各类型养殖场点IPNV阳性检出情况

在9省（自治区、直辖市）中，北京、新疆检出了阳性样品，其中，北京6个养殖场点检出了阳性场点1个；新疆1个养殖场点，检测结果为阳性。

9省（自治区、直辖市）共采集样品109批次，检出了阳性样品4批次，平均阳性样品检出率为3.7%。

（3）**阳性养殖品种和养殖模式** 调查的养殖品种包括虹鳟和鲑，以虹鳟为主，仅在虹鳟中有阳性检出。阳性养殖场的养殖模式为流水养殖。

2. 风险评估

2023年，在9省（自治区、直辖市）的54个养殖场点中，阳性2个（苗种场和成鱼养殖场各1个）；阳性检出率为3.7%，2021—2023年呈连续下降趋势。但因IPNV较为稳定，一旦出现很难完全消除，并会随鱼、水、器具等传播。同时，IPN分布地域较广，未来我国虹鳟养殖业，尤其是苗种产业受到较大影响的风险依然存在。需要重点加强对现有阳性成鱼养殖场以及苗种场的监测、防控管理。

二、甲壳类疫病

（一）白斑综合征（White spot disease，WSD）〉〉〉〉〉

（1）监测范围　《国家监测计划》对WSD的监测范围包括天津、河北、辽宁、上海、江苏、浙江、安徽、福建、江西、山东、湖北、湖南、广东、广西、海南、陕西、新疆17个省（自治区、直辖市），涉及154个区（县）、268个乡（镇），监测对象是甲壳类。

（2）监测结果　共设置监测养殖场点554个，检出了白斑综合征病毒（WSSV）阳性养殖场点114个，平均阳性养殖场点检出率为20.6%。其中，国家级原良种场6个，未检出阳性；省级原良种场52个，阳性4个，检出率为7.7%；苗种场210个，阳性10个，检出率为4.8%；成虾养殖场286个，阳性100个，检出率为35.0%（图10）。

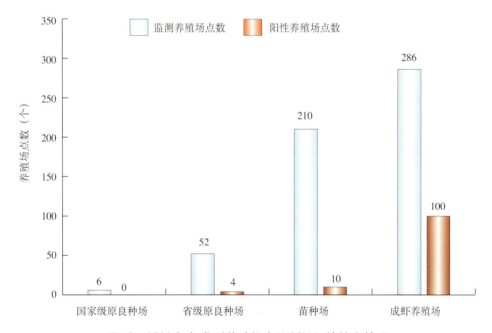

图10　2023年各类型养殖场点WSSV阳性检出情况

在17省（自治区、直辖市）中，河北、辽宁、上海、江苏、安徽、江西、山东、湖北、广东9省（直辖市）检出了阳性样品，9省（直辖市）的平均阳性养殖场点检出率为26.7%。

17省（自治区、直辖市）共采集样品586批次，检出了阳性样品120批次，平均阳性样品检出率为20.5%。

（3）阳性养殖品种和养殖模式　监测的养殖品种有罗氏沼虾、日本沼虾、克氏原螯虾、凡纳滨对虾、红螯螯虾、斑节对虾、中国明对虾、日本囊对虾、中华绒螯蟹（河蟹）。其中，日本沼虾、红螯螯虾、克氏原螯虾、凡纳滨对虾、中国明对虾、日本囊对虾中检出了阳性样品。阳性养殖场的养殖模式有池塘养殖、工厂化养殖和其他养殖模式。

（二）虾肝肠胞虫病

（Enterocytozoon hepatopenaei disease，EHPD） >>>>>

（1）**监测范围** 《国家监测计划》对EHPD的监测范围包括天津、河北、辽宁、上海、江苏、浙江、安徽、福建、江西、山东、湖北、广东、广西、海南和新疆共15个省（自治区、直辖市），共涉及143个区（县）、244个乡（镇）。监测对象为我国当前主要的8种海淡水养殖甲壳类品种，包括凡纳滨对虾、斑节对虾、日本囊对虾、中国明对虾、罗氏沼虾、克氏原螯虾、日本沼虾和红螯螯虾。

（2）**监测结果** 共设置监测养殖场点514个，检出虾肝肠胞虫（EHP）阳性养殖场点83个，平均阳性养殖场点检出率为16.1%。其中，国家级原良种场6个，阳性1个，检出率16.7%；省级原良种场52个，阳性5个，检出率9.6%；苗种场210个，阳性38个，检出率18.1%；成虾养殖场246个，阳性39个，检出率15.9%（图11）。

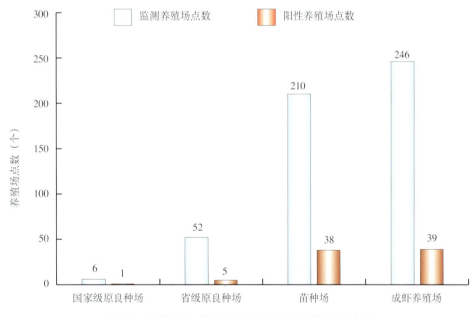

图11　2023年各类型养殖场点EHP阳性检出情况

在15省（自治区、直辖市）中，天津、河北、辽宁等9省（自治区、直辖市）检出了阳性。

15省（自治区、直辖市）共采集样品534批次，检出阳性样品83批次，平均阳性样品检出率为15.5%。

（3）**阳性养殖品种和养殖模式** 监测的养殖品种中，凡纳滨对虾、罗氏沼虾、克氏原螯虾、日本囊对虾和中国明对虾均检出了阳性样品。阳性养殖场的养殖模式有池塘养殖和工厂化养殖。

（三）十足目虹彩病毒病
（infection with Decapod iridescent virus 1, iDIV1） 〉〉〉〉〉

（1）**监测范围**　《国家监测计划》对iDIV1的监测范围包括天津、河北、辽宁、上海、江苏、浙江、安徽、福建、江西、山东、湖北、广东、广西、海南、新疆15个省（自治区、直辖市），涉及136个区（县）、231个乡（镇）。监测对象包括红螯螯虾、斑节对虾、克氏原螯虾、罗氏沼虾、凡纳滨对虾、日本沼虾、日本囊对虾、中国明对虾等8种主要甲壳类养殖品种。

（2）**监测结果**　共设置监测养殖场点461个，检出十足目虹彩病毒1（DIV1）阳性养殖场点31个，平均阳性养殖场点检出率为6.7%。其中，国家级原良种场6个，未检出阳性；省级原良种场50个，阳性2个，检出率4.0%；苗种场185个，阳性13个，检出率7.0%；成虾养殖场220个，阳性16个，检出率7.3%（图12）。

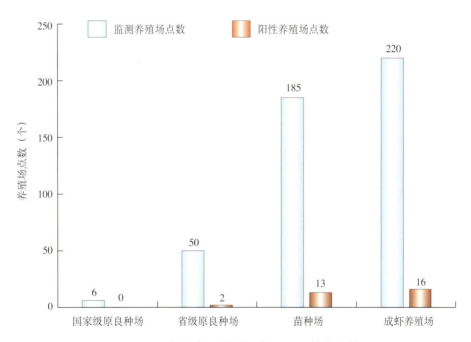

图12　2023年各类型养殖场点DIV1阳性检出情况

在15省（自治区、直辖市）中，上海、江苏、浙江、江西、山东、广东等6省（直辖市）检出了阳性样品。其中，上海15个监测养殖场点，检出2个阳性；江西30个监测养殖场点，检出4个阳性；浙江46个监测养殖场点，检出5个阳性。

15省（自治区、直辖市）共采集样品475批次，检出阳性样品33批次，平均阳性样品检出率为6.9%。

（3）**阳性养殖品种和养殖模式**　监测的养殖品种中，凡纳滨对虾、罗氏沼虾、红螯螯虾、日本沼虾、克氏原螯虾和中国明对虾检出了阳性样品，阳性养殖场的养殖模式为池塘养殖、工厂化养殖和其他养殖。

（四）传染性皮下和造血组织坏死病（Infection with infectious hypodermal and haematopoietic necrosis virus，IHHN）＞＞＞＞＞

（1）**调查范围** 《国家监测计划》对IHHN的调查范围包括天津、河北、辽宁、浙江、安徽、江西、山东、湖北和海南等9省（自治区、直辖市），涉及27个区（县）、36个乡（镇）。监测对象是中国明对虾、凡纳滨对虾、日本囊对虾、克氏原螯虾和斑节对虾。

（2）**调查结果** 共设置监测养殖场点50个，未检出传染性皮下和造血组织坏死病毒（IHHNV），平均阳性养殖场点检出率为0。其中，国家级原良种场2个，省级原良种场11个，苗种场20个，成虾养殖场17个，均未检出阳性（图13）。

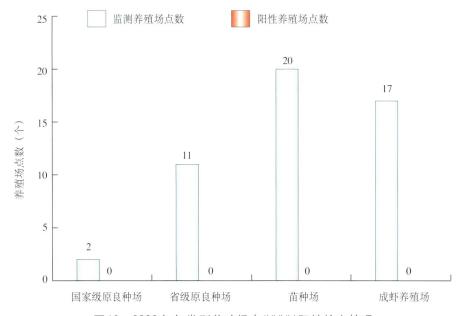

图13 2023年各类型养殖场点IHHNV阳性检出情况

9省（自治区、直辖市）共采集样品51批次，均未检出阳性样品。

（3）**阳性养殖品种和养殖模式** 调查的养殖品种均未检出阳性样品。

（五）急性肝胰腺坏死病（Acute hepatopancreatic necrosis disease，AHPND）＞＞＞＞＞

（1）**调查范围** 《国家监测计划》对AHPND的调查范围包括天津、河北、辽宁、安徽、江西、山东、湖北和海南等8省（直辖市），共涉及23个区（县）、32个乡（镇）。监测对象包括凡纳滨对虾、克氏原螯虾、中国明对虾、斑节对虾、日本囊对虾。

（2）**调查结果** 共设置监测养殖场点46个，未检出致急性肝胰腺坏死病副溶血弧菌（V_{AHPND}），平均阳性养殖场点检出率为0。其中，国家级原良种场2个，省级原良种场10个，苗种场17个，成虾养殖场17处，均未检出阳性（图14）。

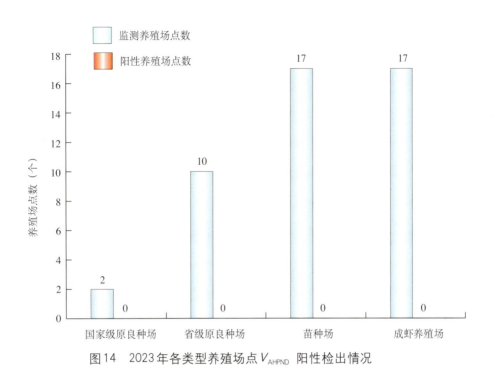

图14　2023年各类型养殖场点 V_{AHPND} 阳性检出情况

8省（直辖市）共采集样品47批次，均未检出阳性样品。

（3）阳性养殖品种和养殖模式　调查的养殖品种中，均未检出阳性样品。

（六）传染性肌坏死病（Infectious myonecrosis, IMN）〉〉〉〉〉

（1）监测范围　《国家监测计划》对IMN的监测范围包括天津、河北、辽宁、江苏和山东共5个省（直辖市），共涉及51个区（县）、85个乡（镇）。监测对象包括凡纳滨对虾、克氏原螯虾、中国明对虾、斑节对虾、罗氏沼虾和日本囊对虾。

（2）监测结果　共设置监测养殖场点217个，检出虾传染性肌坏死病毒（IMNV）阳性养殖场点5个，平均阳性养殖场点检出率为2.3%。其中，国家级原良种场2个，未检出阳性；省级原良种场12个，未检出阳性；苗种场77个，阳性2个，检出率2.6%；成虾养殖场126个，阳性3个，检出率2.4%（图15）。

在5省（直辖市）中，河北、山东2省检出了阳性样品。其中，河北的阳性养殖场点检出率最高，20个监测养殖场点中检出了3个阳性。

5省（直辖市）共采集样品226批次，检出了阳性样品5批次，平均阳性样品检出率为2.2%。

（3）阳性养殖品种和养殖模式　在所监测的养殖品种中，凡纳滨对虾检出了阳性样品。阳性养殖场的养殖模式为海水工厂化养殖。

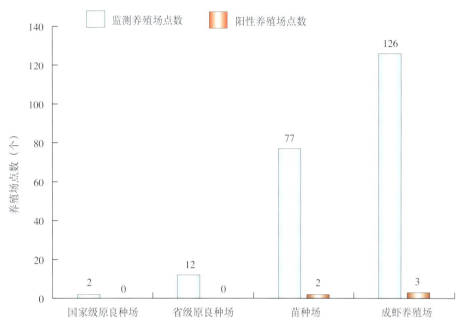

图15　2023年各类型养殖场点 IMNV 阳性检出情况

（七）甲壳类疫病风险评估　>>>>>

（1）**白斑综合征**　与2022年相比，2023年WSSV的平均阳性养殖场点检出率增加了7.8个百分点，省级原良种场阳性检出率增加了5.4个百分点，苗种场阳性检出率下降了0.8个百分点，成虾养殖场的阳性检出率增加了14.1个百分点。根据WSD专项监测数据和产业发病情况分析，应重视克氏原螯虾、日本囊对虾、中国明对虾和红螯螯虾中WSSV高阳性样品检出率的情况。建议继续落实相应政策措施，提高甲壳类原良种场生物安保水平和无特定病原种苗持续供应能力。

（2）**传染性皮下和造血组织坏死病**　与2022年相比，2023年IHHNV的平均阳性样品检出率和平均阳性养殖场点检出率分别降低了11.0和12.5个百分点。尽管2023年未监测到IHHNV阳性样品和养殖场点，但应重视对IHHNV的持续监测，跟踪我国养殖产业中IHHN的动态变化，尽快实现IHHN在我国的净化。

（3）**虾肝肠胞虫病**　2023年EHPD阳性养殖场点检出率和阳性样品检出率相较于2022年有较明显的下降，较2022年分别下降了5.0和4.6个百分点，监测数据显示，2023年EHPD的传播及流行较去年虽呈下降趋势，但国家级原良种场、省级原良种场、苗种场及成虾养殖场仍有着较高的阳性样品检出率。为降低EHPD的流行危害，仍有必要对其加强监测。

（4）**十足目虹彩病毒病**　2023年DIV1的平均阳性养殖场点检出率为6.7%，平均阳性样品检出率为6.9%，相比2022年分别上升了0.2个百分点和0.6个百分点。国家级、省级原良种场的阳性养殖场点检出率相比2022年明显下降，而苗种场的阳性养殖场点检出率相比2022年有所上升。总体来看，国家级和省级原良种场的病原感染风险明显降低，还应进一步加强对苗种场的生物安保防控措施。

（5）**急性肝胰腺坏死病**　2023年呈报的数据中未有阳性样品检出，被动流行病学调查数据也表明V_{AHPND}在我国对虾养殖区主要养殖品种的流行率和危害风险大幅度降低。建议2024年继续开展对虾类苗种场和养殖场的V_{AHPND}监测，扩大监测范围并对监测信息进行有效搜集和整理，跟踪并掌握AHPND疫情动态。

（6）**传染性肌坏死病**　2023年，IMNV的平均阳性养殖场点检出率为2.3%，阳性样品为凡纳滨对虾。同时，中国水产科学研究院黄海水产研究所研究团队在天津、河北、辽宁、江苏、浙江、福建、山东、广东、广西、海南等10个沿海省（自治区、直辖市）开展了IMNV流行病学调查，共采集各类样品385批次，IMNV的阳性样品检出82批次，阳性样品主要来自天津、河北、辽宁、山东以及海南。流行病学调查发现，山东部分地区（东营、滨州）海水工厂化养殖对虾中IMNV流行较为严重，这表明IMNV在我国部分对虾养殖区主要养殖品种中存在较高的传播流行和危害风险，建议2024年继续加强对虾类苗种场和养殖场的IMNV监测，跟踪并掌握IMN疫情动态。

三、WOAH名录疫病在我国的发生状况

世界动物卫生组织（WOAH）于2004年公布了水生动物疫病名录，并且每年更新1次。现行"WOAH疫病名录"共收录水生动物疫病31种，包括鱼类疫病11种，甲壳类疫病10种，贝类疫病7种，两栖类动物疫病3种。

依据《国家监测计划》及WOAH参考实验室监测结果，2023年，鲤春病毒血症、锦鲤疱疹病毒病和传染性造血器官坏死病3种鱼类疫病，白斑综合征、十足目虹彩病毒病和传染性肌坏死病3种甲壳类疫病在我国局部发生（表2），其他疫病未检出。

表2　WOAH名录疫病在我国的发生状况

序号	种类	疫病名称	2023年在我国发生状况
1		流行性造血器官坏死病	未曾检出
2		流行性溃疡综合征	未曾检出
3		大西洋鲑三代虫感染	未曾检出
4		鲑传染性贫血症病毒感染	未曾检出
5	鱼类疫病	鲑甲病毒感染	未曾检出
6	11种	**传染性造血器官坏死病**	有检出
7		**锦鲤疱疹病毒病**	有检出
8		真鲷虹彩病毒病	未曾检出
9		**鲤春病毒血症**	有检出
10		罗非鱼湖病毒病	未曾检出
11		病毒性出血性败血症	未曾检出

（续）

序号	种类	疫病名称	2023年在我国发生状况
12	甲壳类疫病 10种	急性肝胰腺坏死病	未检出，上一次发生时间2022年9月
13		鳌虾瘟	未曾检出
14		**十足目虹彩病毒病**	有检出
15		坏死性肝胰腺炎	未曾检出
16		传染性皮下和造血组织坏死病	未检出，上一次发生时间2022年9月
17		**传染性肌坏死病**	有检出
18		白尾病	未检出，上一次发生时间2013年6月
19		桃拉综合征	未检出，上一次发生时间2011年
20		**白斑综合征**	有检出
21		黄头病毒基因1型感染	未检出，上一次发生时间2021年
22	软体动物疫病 7种	鲍疱疹病毒感染	未曾检出
23		杀蛎包纳米虫感染	未曾检出
24		牡蛎包纳米虫感染	未曾检出
25		折光马尔太虫感染	未曾检出
26		海水派琴虫感染	未曾检出
27		奥尔森派琴虫感染	未曾检出
28		加州立克次体感染	未曾检出
29	两栖类疫病 3种	箭毒蛙壶菌感染	未曾检出
30		蝾螈壶菌感染	未曾检出
31		蛙病毒感染	未曾检出

第三章　疫病预防与控制

一、技术成果及试验示范

2023年，水生动物防疫技术成果丰硕，一系列水生动物防疫技术成果获得省部级奖励。其中，"水产品中生物危害因子的检测与防控及标准化应用"获2023年度中国检验检测学会科学技术奖一等奖，"鱼类嗜水气单胞菌及维氏气单胞菌感染的防控技术与示范"获河南省农牧渔业丰收奖，"GB/T 34733—2017《海水鱼类刺激隐核虫病诊断规程》"获福建省标准贡献奖三等奖，"对虾池塘健康养殖技术研究与推广应用"获山东省农业技术推广成果优选计划一等奖，"重要水生动物疫病防控技术研究与应用"获得2023年度中国商业联合会科学技术进步奖一等奖（附录1）；中国水产科学研究院黑龙江水产研究所"虹鳟IHN灭活疫苗研制"取得新进展，中国检验检疫科学研究院在水生动物疫病研究方面获得国家标准样品证书5项；另有授权国家发明专利和国家实用新型专利30余项。

2023年，农业农村部组织相关水生动物疫病首席专家团队，针对主要水生动物疫病开展了系统研究和多项防控技术成果示范应用。

（一）鲤春病毒血症　>>>>>

首席专家刘荭研究员团队开展了鲤春病毒血症（SVC）等水生动物疫病监测和流行病学调查工作（图16），针对鲤春病毒血症病毒（SVCV）进行

图16　SVC首席专家团队开展流行病学调查工作

了环境中富集方法的评价和优化，优化和验证了SVCV实时荧光PCR快速检测方法、一体式实时荧光微流控检测技术和CRISPR快速核酸检测技术，对200多株中国SVCV毒株进行了全病毒组测序测定和分析，为SVCV早期发现和预警、疾病精准诊断提供了多种技术手段。

（二）锦鲤疱疹病毒病　〉〉〉〉〉

首席专家张朝晖研究员团队面向江苏全省继续开展锦鲤疱疹病毒（KHV）等病原检测技术实操培训和现场技术指导（图17），为全省水生动物重大疫病监测、水产苗种产地检疫提供技术保障。进一步推广KHV荧光PCR快速检测技术，为养殖现场快速诊断提供技术支撑。

图17　KHVD首席专家团队开展检测技术实操培训和现场技术指导

（三）草鱼出血病　〉〉〉〉〉

首席专家王庆研究员团队持续开展草鱼出血病（GCHD）病原检测、分子流行病学调查，为广东、江西等地基层草鱼养殖户开展技术指导，为广州诚一集团、江苏香河集团等规模化草鱼养殖企业提供技术支撑（图18）。团队研制了草鱼主要病害二联亚单位疫苗，为养殖草鱼重要病害的联防联控奠定基础；进一步优化了草鱼出血病益生菌口服疫苗免疫保护效果；组装了草鱼出血病RPA现场快速诊断试剂盒，并在江西九江、吉安等地开展了应用试验。

图18 GCHD首席专家团队为养殖户提供技术服务

（四）传染性造血器官坏死病和传染性胰脏坏死病 〉〉〉〉〉

首席专家徐立蒲研究员团队持续开展传染性造血器官坏死病（IHN）和传染性胰脏坏死病（IPN）监测、防控技术试验示范和技术指导工作（图19），为国家标准《传染性胰脏坏死病诊断方法》的修订开展了前期准备工作；继续依托团队研制的益生菌发酵中药开展病害防控技术试验示范，显著提高了虹鳟苗种抗病能力。中国水产科学研究院黑龙江水产研

图19 IHN和IPN首席专家团队开展疫病防控技术指导

究所、华东理工大学研制了IHNV、IPNV疫苗，并在甘肃等地应用试验。中国水产科学研究院黑龙江水产研究所在中草药及抗病毒药物对IPNV的抑制作用研究方面取得新进展。青海省渔业技术推广中心开展了无规定水生动物疫病苗种场创建工作，并有2个虹鳟养殖场获批无规定水生动物疫病（无IPN、IHN）苗种场。

（五）病毒性神经坏死病 〉〉〉〉〉

首席专家樊海平研究员团队持续开展病毒性神经坏死病（VNN）疫病监测、流行病学调查和防控技术指导工作，并针对病毒性神经坏死病等水生动物疫病举办实验室检测技术培训，福建省水生动物疫病防控工作业务骨干共30余人参加培训（图20、图21）。

图20　VNN首席专家团队开展现场采样和防控技术指导

图21　VNN首席专家团队举办VNN等水生动物疫病实验室检测技术培训

（六）鲫造血器官坏死病 〉〉〉〉〉

首席专家曾令兵研究员团队持续在全国多地区开展了鲫造血器官坏死病（CHN）的流

行病学调查，为养殖户提供技术服务（图22、图23、图24）。对江苏、湖北、辽宁等多个地区的病鱼样本开展了病毒分离、分子检测并进行了发病机制等研究。同时通过分子手段进一步探索了CyHV-2感染与鲫适应性免疫系统的相互作用关系。

图22　CHN首席专家团队赴沈阳开展鱼病现场诊治服务工作

图23　CHN首席专家团队赴安徽多地开展鲫样本收集工作

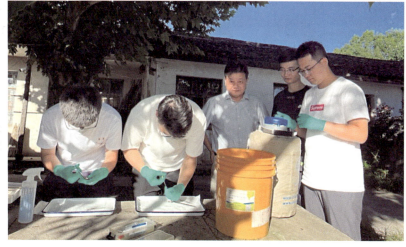

图24　CHN首席专家团队赴河南多地开展鲫样本收集工作

（七）鲤浮肿病 〉〉〉〉〉

首席专家徐立蒲研究员团队持续开展鲤浮肿病（CEVD）监测、防控技术试验示范和技术指导工作（图25）；研制出鲤浮肿病（CEVD）现场快速诊断箱，适用于发病养殖场现场快速检测，检测时间在20min以内；研究了不同水温下CEV对锦鲤的毒力。

图25　CEVD首席专家团队开展鲤浮肿病现场诊断及防控技术指导

（八）对虾主要疫病及新发病 〉〉〉〉〉

首席专家张庆利研究员团队针对玻璃苗弧菌病（TPV）、传染性肌坏死病（IMN）、虾肝肠胞虫病（EHPD）、十足目虹彩病毒病（iDIV1）等对虾主要疫病及新发病开展了监测、流行病学调查和防控技术指导（图26）。针对致玻璃苗弧菌（V_{TPV}）毒力基因及其致病机制开

图26　虾类疫病首席专家团队开展疫病防治技术指导和流行病学调查

展了研究，发现 V_{TPV} 187 kbp毒性质粒上关键毒力基因 *vhvp-2* 编码的毒素VHVP-2为该致病菌具有强致死性的关键毒力因子，*vhvp-2* 位于毒性质粒可移动元件上，能在不同菌株间自由扩散，具有引发 V_{TPV} 快速传播能力及极高生物安全危害风险。研究结果首次揭示了 V_{TPV} 高致死性和传播速度快的分子机制。从收集自六大洲143批卤虫卵（含7个种）的样本中鉴定出归类为18个不同病毒科及相关类群的55种新型RNA病毒，且发现不同地理来源卤虫中的病毒存在联系，为水产养殖生物饵料传播病毒风险评估提供了重要数据。研究证实DIV1可自然感染养殖三疣梭子蟹和日本囊对虾；开发了对虾养殖池塘沉积物中EHP的环境DNA检测方法；开展了基于生物安全风险分析的虾类疫病生物安全保障技术研发与示范，并在5个省份的虾蟹种业企业开展示范应用，推动甲壳类疫病防控和新型健康管理理念实践进程；确认对虾IMN在国内流行危害并开展流行病学调查，提交IMN调查报告和技术资料，为渔业主管部门开展全国IMN疫情防控提供技术支撑。

二、监督执法与技术服务

（一）水产苗种产地检疫 >>>>>

为加强水产苗种产地检疫和监督执法，严格控制水生动物疫病传播源头，推动水产养殖业绿色高质量发展，2023年农业农村部继续全面实施水产苗种产地检疫制度。截至2023年年底，全国累计确认渔业官方兽医8 788名，全年共出具电子《动物检疫合格证明》10 030份，另出具纸质《动物检疫合格证明》5 966份，共检疫苗种1 842亿余尾。全国水产技术推广总站采取线上线下相结合的方式举办了2023年全国水产苗种产地检疫培训班，来自农业农村主管部门、执法部门、动物卫生监督机构、疫病预防控制机构和技术推广机构等的约11万余人次接受了培训（图27、图28）。

图27　2023年全国水产苗种产地检疫培训班现场

图28　地方分会场和手机端、电脑端接受培训

（二）全国水生动物疾病远程辅助诊断服务 〉〉〉〉〉

优化了"全国水生动物疾病远程辅助诊断服务网"（简称"鱼病远诊网"）服务方式和功能，在山东烟台举办了"鱼病远诊网"运行研讨活动（图29），目前"鱼病远诊网"共有电脑版、手机APP和微信小程序三个使用平台，拥有国家级和省级专家139名，存有60余个自助诊断品种、180多种常见疾病常识、40多个疫病防控教学视频等资料。自2012年开通以来累计浏览量达115万余人次。

（三）技术培训及技术指导 〉〉〉〉〉

2023年，全国水生动物防疫体系共举办省级以上线上+线下技术培训130余次，受训人数约14万人次。另外，农业农村部水产养殖病害防治专家委员会专家、国家水生动物疫病监测首席专家等坚持深入养殖生产一线，开展形式多样的技术培训和技术指导。专家共开

图29　"鱼病远诊网"运行研讨活动

展了技术培训120余次，受训人数达50万余人次，现场技术指导260余次，发放疫病防控相关宣传资料3万余份（图30至图50）。

图30　全国水产技术推广总站举办水产养殖主要疾病防控技术直播大讲堂

图31 天津市动物疫病预防控制中心举办水生动物重大疫病防控技术培训班

图32 河北省水产技术推广总站举办淡水养殖环境调控与病害防治暨灾后恢复技术培训班

图33 江苏省水生动物疫病预防控制中心举办实验室检测培训

图34　浙江省水产技术推广总站举办水生动物病害防治员职业技能大赛集中培训暨骨干人才培训班

图35　福建省水产技术推广总站举办水生动物防疫系统实验室检测技术培训班

图36　福建省水产技术推广总站举办水生动物疫病监测技术培训班

图37　江西省农业技术推广中心举办水生动物疫病防控技术培训班

图38　山东省渔业发展和资源养护总站举办水产养殖病害防控技术培训班

图39　湖南省畜牧水产事务中心举办水生动物疫病防控技术培训班

图40　湖北省举办水产动物疫情监测技术培训班

图41　广东省动物疫病预防控制中心举办水产绿色健康养殖与规范用药技术培训班

图42　海南省水产技术推广站举办水产养殖病害测报工作培训班

图43　重庆市水产技术推广总站举办水生动物疫病检测实验室跟班培训

图44　四川省水产局举办水产苗种产地检疫工作交流活动

图45 贵州省水产技术推广站举办水产养殖规范用药科普下乡活动

图46 陕西省农业农村厅渔业渔政局举办渔业官方兽医培训

图47 青海省渔业技术推广中心举办陆基渔业养殖及鲑鳟鱼疫病防控技术培训班

图48 宁夏回族自治区水产
技术推广站组织参加
全国培训

图49 青岛市渔业技术推广
站组织开展水产绿色
健康养殖培训班

图50 宁波市海洋与渔业研
究院举办水生物病害
防治员技能培训

三、疫病防控体系能力建设

（一）全国水生动物防疫体系建设 >>>>>

《全国动植物保护能力提升工程建设规划（2017—2025年）》进一步落实，上下贯通、横向协调、运转高效、保障有力的动植物保护体系逐步完善。截至2023年年底，共启动或完成水生动物疫病监测预警能力建设项目64个，列入2024年启动计划的有2个，实施率为86%；共启动或完成水生动物防疫技术支撑能力建设项目17个，列入2024年启动计划的有2个，实施率为76%（附录2）。

（二）全国水生动物防疫实验室检测能力验证 >>>>>

为提高水生动物防疫体系能力，2023年农业农村部继续组织开展了水生动物防疫系统实验室检测能力验证。对鲤春病毒血症、锦鲤疱疹病毒病、鲤浮肿病、草鱼出血病、鲫造血器官坏死病、传染性造血器官坏死病、罗非鱼湖病毒病、病毒性神经坏死病、白斑综合征、传染性皮下和造血组织坏死病、急性肝胰腺坏死病、十足目虹彩病毒病、虾肝肠胞虫病、对虾病毒性偷死病、传染性肌坏死病、包纳米虫病16种疫病病原实验室的检测能力进行验证。全国共有270家单位报名参加了本次能力验证，其中255家单位取得相应疫病检测"满意"结果，为2014年开展能力验证以来最高水平。全国水产技术推广总站针对能力验证过程中出现的技术问题，在湖南岳阳举办了"2023年全国水生动物防疫系统实验室检测技术培训班"，来自全国水产技术推广（疫控）机构，以及水产科研教学单位、海关和企业的相关实验室技术人员200余人参加培训（图51）。

图51　2023年全国水生动物防疫系统实验室检测技术培训班

（三）水产养殖病害防治标准化建设　>>>>>

2023年，第一届全国水产标准化技术委员会水产养殖病害防治分技术委员会完成了对《水生动物病原检测实验室能力验证技术规范》等9项水产养殖病害防治行业标准的审定工作，完成率达到100%。此外，发布实施了国家标准《贝类包纳米虫病诊断方法》（附录3）。据统计，目前全国发布现行有效的水产养殖病害防治相关标准共有322项；其中，国家标准41项，行业标准181项（含农业农村部水产行业标准108项，出入境检验检疫行业标准73项），地方标准100项。详见水产养殖病害防治标准清单（二维码）。

水产养殖病害防治标准清单

（四）无规定水生动物疫病苗种场评估　>>>>>

2023年8月，《无规定水生动物疫病苗种场评估管理办法》正式发布实施。各地渔业主管部门高度重视，积极谋划推进，2023年全国共有10个省份的22个单位申请无规定水生动物疫病苗种场评估。受农业农村部渔业渔政管理局委托，全国水产技术推广总站组织农业农村部水产养殖病害防治专家委员会专家进行了书面评审和现场评审（图52）。截至2023年年底，山东等2个省份的4个无规定水生动物疫病苗种场已通过评估并予以公布（表3）。

图52 现场评审

表3 通过评估的无规定水生动物疫病苗种场相关信息

序号	省份	名称	地址
1	山东	烟台宗哲海洋科技有限公司钝吻黄盖鲽无病毒性神经坏死病苗种场	山东省烟台经济技术开发区潮水镇衙前村
2		威海圣航水产科技有限公司牙鲆无病毒性神经坏死病苗种场	山东省威海市荣成市成山镇北海成山林场
3	青海	青海凯特威德生态渔业有限公司虹鳟无传染性造血器官坏死病、传染性胰脏坏死病苗种场	青海省西宁市大通县城关镇李家磨村
4		青海民泽龙羊峡生态水殖有限公司虹鳟无传染性造血器官坏死病、传染性胰脏坏死病苗种场	青海省海南藏族自治州共和县龙羊峡镇德胜村尕台社

第四章　国际交流合作

2023年，我国积极参与推进全球"同一健康"理念，持续开展水生动物防疫领域国际交流合作，认真履行水生动物卫生领域的国际义务，加强深化与联合国粮食及农业组织（FAO）、世界动物卫生组织（WOAH）、亚太水产养殖中心网（NACA）等国际组织和其他国家的交流合作，致力于减少水生动物疾病的全球性传播，共同提升全球水生动物卫生安全。

一、与FAO的交流合作

参加FAO水产养殖抗微生物药物耐药性和生物安保参考中心启动会 >>>>>

6月26—27日，FAO水产养殖抗微生物药物耐药性和生物安保参考中心启动会在FAO总部（意大利罗马）召开。中国水产科学研究院黄海水产研究所FAO参考中心负责人张庆利研究员和中国水产科学研究院珠江水产研究所FAO参考中心负责人王庆研究员受邀参会并在会上发言（图53）。会议期间，中国水产科学研究院与FAO续签了《关于加强渔业和水产养殖合作的谅解备忘录》，与FAO"南南合作"及三方合作司开展了合作会谈。

图53　张庆利研究员、王庆研究员参加FAO参考中心启动会

二、与WOAH的交流合作

（一）积极履行会员义务 〉〉〉〉〉

做好WOAH水生动物定点联系人工作，报送我国水生动物卫生状况半年报告。组织专家参与国际标准制修订，5月25日和11月10日分别组织专家召开研讨会，对WOAH《水生动物诊断试验手册》和《水生动物卫生法典》进行评议，并向WOAH提交了针对2022年版WOAH《水生动物疾病诊断手册》和《水生动物卫生法典》修订章节的评议意见。

（二）积极参与WOAH水生动物卫生标准委员会工作 〉〉〉〉〉

2月和9月，深圳海关刘荭研究员作为WOAH水生动物卫生标准委员会委员分别参加委员会线上和线下会议，对涉及水生动物疫病的国际标准部分章节进行了制修订，形成了2023年版WOAH《水生动物疾病诊断手册》和《水生动物卫生法典》（图54）。

图54　刘荭研究员参加WOAH水生动物卫生标准委员会会议

（三）积极履行WOAH参考实验室职责 〉〉〉〉〉

NACA和澳大利亚联邦科学与工业研究协会（CSIRO）组织了2023年度国际能力验证活动。深圳海关动植物检验检疫技术中心WOAH参考实验室刘荭研究团队参加了4种鱼类疫病病原检测能力验证，中国水产科学研究院黄海水产研究所WOAH参考实验室张庆利研究员团队参加了6种对虾疫病病原检测能力验证，均获得了"满意"结果。参加能力验证活动有助于提升我国水生动物疾病诊断实验室的检测能力和技术水平。

（四）参加WOAH贝类疾病易感宿主评估研讨会　>>>>>

6月和12月，WOAH贝类疾病易感宿主评估研讨会分别在WOAH总部（法国巴黎）和法国海洋科学开发研究院（IFREMER）位于拉特朗布拉德（La Tremblade）的无脊椎动物适应与健康实验室举行。来自不同国家的6位评估小组委员与2位WOAH工作人员参加了会议。中国水产科学研究院黄海水产研究所白昌明副研究员作为该小组委员应邀参会（图55）。通过上述两次会议，评估小组完成了对奥尔森派琴虫易感宿主的评估工作，并形成评估报告1份。

图55　WOAH贝类疾病易感宿主评估研讨会与会人员合影

（五）参加WOAH亚太区水生动物卫生国际会议　>>>>>

6月26—29日，由WOAH和韩国国家渔业科学研究所联合组织的WOAH国家水生动物定点联系人区域研讨会和亚太区水生动物卫生区域合作框架特设指导委员会第4次会议在韩国釜山举行（图56至图58）。来自中国、新加坡、泰国、澳大利亚等亚太地区国家代表，NACA官员及有关专家等40余人参加会议。全国水产技术推广总站派员参会并作了关于中国水生动物疫病防控工作情况的报告。

图56　WOAH国家水生动物定点联系人区域研讨会与会代表合影

图57　总站代表在会上作报告

图58　亚太区水生动物卫生区域合作框架特设指导委员会第4次会议与会代表合影

（六）参加WOAH全球协调动物和人畜共患病研究战略合作伙伴研讨会 〉〉〉〉〉

10月9日，WOAH组织的"全球协调动物和人畜共患病研究战略合作伙伴（STAR-IDAZ）"之"亚洲和澳大利亚区域网络（AARN）"研讨会在线上召开。中国水产科学研究院黄海水产研究所张庆利研究员作水产养殖国家代表特邀报告，介绍了我国水产养殖状况、新发疫病生物安全风险挑战及其防控情况（图59）。

图59　张庆利研究员参加WOAH STAR-IDAZ亚洲和澳大利亚区域网络研讨会

三、与NACA的交流合作

3月15—17日，由FAO和NACA联合组织的制定水生生物卫生区域战略研讨会在泰国普吉岛举行。来自中国、澳大利亚、孟加拉国、柬埔寨等亚太地区国家代表，FAO、NACA官员及有关专家等40余人参加会议（图60）。我国代表参会并参与了交流讨论（图61）。

图60　与会代表合影

图61　我国代表在会议上发言

第五章　水生动物疫病防控体系

一、水生动物疫病防控机构和组织

国家机构改革进一步深化，水生动物疫病防控体系进一步调整。

（一）水生动物疫病防控行政管理机构　>>>>>

依照《中华人民共和国动物防疫法》，国务院农业农村主管部门主管全国的动物防疫工作。县级以上地方人民政府农业农村主管部门主管本行政区域的动物防疫工作。县级以上人民政府其他有关部门在各自职责范围内做好动物防疫工作。军队动物卫生监督职能部门负责军队现役动物和饲养自用动物的防疫工作。国务院农业农村主管部门和海关总署等部门应当建立防止境外动物疫病输入的协作机制。

农业农村部内设渔业渔政管理局组织水生动植物疫病监测防控，承担水生动物防疫检疫相关工作，监督管理水产养殖用兽药使用和残留检测等。

中华人民共和国海关总署内设动植物检疫司，承担出入境动植物及其产品的检验检疫、监督管理工作。

（二）水生动物卫生监督机构　>>>>>

依照《中华人民共和国动物防疫法》，县级以上地方人民政府的动物卫生监督机构负责本行政区域的动物、动物产品的检疫工作。

目前，我国各地从事水生动物检疫的县级以上动物卫生监督机构类型不尽一致，主要有以下几种：农业农村行政主管局或行政内设处室、农业综合执法机构、渔政执法机构、动物疫病预防控制机构、水产技术推广机构、动物卫生监督所、水生动物卫生监督所等，这些从事水生动物检疫的机构形成了我国水生动物卫生监督体系。

（三）水生动物疫病预防控制机构 >>>>>

依照《中华人民共和国动物防疫法》，县级以上人民政府按照国务院的规定，根据统筹规划、合理布局、综合设置的原则建立动物疫病预防控制机构。动物疫病预防控制机构承担动物疫病的监测、检测、诊断、流行病学调查、疫情报告以及其他预防、控制等技术工作；承担动物疫病净化、消灭的技术工作。

1. 国家水生动物疫病预防控制机构

全国水产技术推广总站是农业农村部直属事业单位，承担国家水生动物疫病监测、流行病学调查、突发疫情应急处置和卫生状况评估，组织开展全国水产养殖动植物病情监测、预报和预防，组织开展水产养殖病害防治标准制修订等工作。

2. 省级水生动物疫病预防控制机构

天津市和广东省动物疫病预防控制中心同时承担水生和陆生动物疫病预防控制机构职责；北京、河北、吉林、黑龙江、江苏、浙江、福建、海南、重庆、陕西、甘肃、青海、宁夏、新疆14省（自治区、直辖市）和新疆生产建设兵团，以及大连、宁波和深圳3个计划单列市，在水产技术推广机构加挂了水生动物疫病预防控制机构牌子；湖北在水产科研机构加挂了水生动物疫病预防控制机构牌子；山西、上海、安徽、江西、河南、贵州和云南7省（直辖市），以及青岛和厦门2个计划单列市分别由水产技术推广机构或水产科研机构承担水生动物疫病预防控制机构职责；辽宁、山东和广西3省（自治区）是水产技术推广机构、水产科研机构等多家机构共同承担水生动物疫病预防控制机构职责；内蒙古自治区农牧业技术推广中心承担水生动物疫病预防控制机构职责；湖南省水生动物防疫检疫站是湖南畜牧水产事务中心内设机构；四川省水产局承担水生动物疫病预防控制机构职责（附录4）。

除西藏自治区、青岛市和新疆生产建设兵团外，其他30个省（自治区、直辖市）和大连、宁波、厦门、深圳4个计划单列市均建设了水生动物疫病监测预警实验室。

3. 地（市）级和县（市）级水生动物疫病预防控制机构

目前全国有253个地（市）级水产技术推广机构开展了水生动物疾病监测预防相关工作，国家和地方财政依托127个地（市）级水产技术推广机构建设了水生动物疾病监测预警实验室。全国共有941个县（市）级水产技术推广机构开展了水生动物疾病监测预防相关工作，国家和地方财政依托503个县（市）级水产技术推广机构建设了水生动物疾病监测预警实验室（附录5）。

（四）水生动物防疫科研体系　>>>>>

我国水生动物疫病防控科研体系包括隶属国家部委管理的机构和隶属地方政府管理的机构。其中，隶属国家部委管理的，目前共有11个科研机构和5个高等院校拥有水生动物疫病防控相关技术专业团队，这些科研机构和高等院校分别归口农业农村部、中国科学院、自然资源部以及教育部指导管理（表4）；隶属地方政府管理的，多数省份设有水产研究机构，负责开展水生动物疫病防控技术研究相关工作。此外，还有不少地方高校拥有水生动物疫病防控相关技术的研究团队。

表4　隶属国家部委管理的水生动物疫病防控相关科研机构

序号	单位名称		官方网站
1	农业农村部	中国水产科学研究院黄海水产研究所	http://www.ysfri.ac.cn
2		中国水产科学研究院东海水产研究所	http://www.ecsf.ac.cn
3		中国水产科学研究院南海水产研究所	http://southchinafish.ac.cn
4		中国水产科学研究院黑龙江水产研究所	http://www.hrfri.ac.cn
5		中国水产科学研究院长江水产研究所	http://www.yfi.ac.cn
6		中国水产科学研究院珠江水产研究所	http://www.prfri.ac.cn
7		中国水产科学研究院淡水渔业研究中心	http://www.ffrc.cn
8	中国科学院	水生生物研究所	http://www.ihb.ac.cn
9		海洋研究所	http://www.qdio.cas.cn
10		南海海洋研究所	http://www.scsio.ac.cn
11	自然资源部	第三海洋研究所	http://www.tio.org.cn
12	教育部	中山大学	http://www.sysu.edu.cn
13		中国海洋大学	http://www.ouc.edu.cn
14		华中农业大学	http://www.hzau.edu.cn
15		华东理工大学	https://www.ecust.edu.cn
16		西北农林科技大学	https://www.nwafu.edu.cn

为提升水生动物疫病的防控技术水平，农业农村部还依托有关单位设立了5个水生动物疫病重点实验室及7个《国家水生动物疫病监测计划》参考实验室。此外，世界动物卫生组织（WOAH）认可的参考实验室有4个（表5）。

表5　水生动物疫病重点实验室和WOAH参考实验室

序号	实验室名称（疫病领域）	依托单位
1	农业农村部淡水养殖病害防治重点实验室（农办科〔2016〕29号）	中国科学院水生生物研究所
2	海水养殖动物疾病研究重点实验室（发改农经〔2006〕2837号、农计函〔2007〕427号）	中国水产科学研究院黄海水产研究所
3	农业农村部海水养殖病害防治重点实验室（农办科〔2016〕29号）	
4	白斑综合征（WSD）WOAH参考实验室（认可年份2011年）	
5	传染性皮下和造血组织坏死病（IHHN）WOAH参考实验室（认可年份2011年）	
6	白斑综合征、虾肝肠胞虫病、十足目虹彩病毒病、传染性肌坏死病参考实验室（农渔发〔2023〕6号）	
7	长江流域水生动物疫病重点实验室（发改农经〔2006〕2837号、农计函〔2007〕427号）	中国水产科学研究院长江水产研究所
8	鲫造血器官坏死病参考实验室（农渔发〔2023〕6号）	
9	珠江流域水生动物疫病重点实验室（发改农经〔2006〕2837号、农计函〔2007〕427号）	中国水产科学研究院珠江水产研究所
10	草鱼出血病参考实验室（农渔发〔2023〕6号）	
11	鲤春病毒血症（SVC）WOAH参考实验室（认可年份2011年）	深圳海关
12	传染性造血器官坏死病（IHN）WOAH参考实验室（认可年份2018年）	
13	鲤春病毒血症参考实验室（农渔发〔2023〕6号）	
14	病毒性神经坏死病参考实验室（农渔发〔2023〕6号）	福建省淡水水产研究所
15	传染性造血器官坏死病、鲤浮肿病参考实验室（农渔发〔2023〕6号）	北京市水产技术推广站
16	锦鲤疱疹病毒病参考实验室（农渔发〔2023〕6号）	江苏省水生动物疫病预防控制中心

（五）水生动物防疫技术支撑机构 〉〉〉〉〉

1. 渔业产业技术体系

根据农业农村部《关于现代农业产业技术体系"十三五"新增岗位科学家的通知》（农科（产业）函〔2017〕第23号），农业农村部现代农业产业技术体系中共有6个渔业产业技术体系，分别为大宗淡水鱼、特色淡水鱼、海水鱼、虾蟹、贝类和藻类。每个产业技术体系均设立了疾病防控功能研究室及有关岗位科学家，在病害研究及防控中发挥着重要的技术支撑作用（附录6）。

2. 其他系统相关机构

国家海关系统的出入境检验检疫技术部门，在我国水生动物疫病防控工作中，特别是在进出境水生动物及其产品的监测、防范外来水生动物疫病传入方面，发挥着重要的技术支撑作用。

（六）水生动物医学高等教育体系 >>>>>

中国海洋大学、华中农业大学、上海海洋大学、大连海洋大学、广东海洋大学、华南农业大学、集美大学和西北农林科技大学分别设有水生动物医学学科方向的研究生培养体系。上海海洋大学、大连海洋大学、广东海洋大学、集美大学、青岛农业大学、仲恺农业工程学院和湖南农业大学分别于2012年、2014年、2016年、2017年、2018年、2021年、2022年起开设了水生动物医学本科专业并招生。这些高校是我国水生动物防疫工作者的摇篮，也是我国水生动物防疫体系的重要组成部分。

（七）专业技术委员会 >>>>>

1. 农业农村部水产养殖病害防治专家委员会

为提升水产养殖病害防控能力建设，增强防控决策的科学性、有效性，农业农村部于2012年、2017年成立了第一届、第二届水产养殖病害防治专家委员会（以下简称"病防委"），秘书处设在全国水产技术推广总站。2023年，换届成立了第三届病防委，共有委员58名（附录7），分设海水鱼组、淡水鱼组、甲壳类、贝类藻类组4个专业工作组。病防委主要职责是：对国家水产养殖病害防治和水生动物疫病防控相关工作提供决策咨询、建议和技术支持；参与全国水产养殖病害防治和水生动物疫病防控工作规划及水生动物疫病防控政策制订；突发、重大、疑难水生动物疫病的诊断、应急处置及防控形势会商；国家水生动物卫生状况报告、技术规范等技术性文件审定；无规定水生动物疫病苗种场的评估和审定；国内外水生动物疫病防控学术交流与合作等。

2. 全国水产标准化技术委员会水产养殖病害防治分技术委员会

全国水产标准化技术委员会水产养殖病害防治分技术委员会（以下简称"分技委"）于2022年1月25日经国家标准化管理委员会批准正式成立。分技委编号为SAC/TC156/SC11，第一届分技委由34位委员组成，全国水产技术推广总站李清总工程师任主任委员，中山大学何建国教授、中国海洋大学战文斌教授任副主任委员，秘书处设在全国水产技术推广总站。

分技委在全国水生动物防疫标准化技术工作组基础上筹建，主要负责水产养殖动植物病害防治管理、技术及用品等国家标准制修订工作。具体承担以下职责：提出水产养殖病害防治标准化工作的方针、政策及技术措施等建议；组织编制水产养殖病害防治标准制修订计划；组织起草、审定和修订水产养殖病害防治相关国家标准和行业标准；负责水产养殖病害防治标准的宣传、释义和技术咨询服务等工作；承担水产养殖病害防治标准化技术的国际交流和合作等。分技委的成立，标志着我国水产养殖病害防治标准化工作步入了更加规范的轨道。

二、水生动物疫病防控队伍

（一）渔业官方兽医队伍 >>>>>

水产苗种产地检疫制度进一步落实，截至2023年年底，全国累计确认了渔业官方兽医8 788名。

（二）渔业执业兽医队伍 >>>>>

截至2023年，农业农村部共举办了全国水生动物类执业兽医资格考试9次。全国累计通过水生动物类执业兽医资格考试的人员7 606人次。其中，达到水生动物类执业兽医师资格合格线人数4 304人次，达到执业助理兽医师资格合格线人数3 302人次。通过执业注册和备案，最终取得水生动物类执业兽医师资格证书4 050人（含552名水产高级职称人员直接获得），获得执业助理兽医师资格证书1 976人，两者共计6 026人。

第六章 水生动物防疫法律法规体系

一、国家水生动物防疫相关法律法规体系

近年来我国水生动物防疫相关法律法规体系逐步完善，目前已形成以《中华人民共和国渔业法》《中华人民共和国进出境动植物检疫法》《中华人民共和国农业技术推广法》《中华人民共和国农产品质量安全法》《中华人民共和国动物防疫法》《中华人民共和国生物安全法》为核心，以《重大动物疫情应急条例》《兽药管理条例》《动物防疫条件审查办法》等行政法规、部门规章，以及地方性法规和规范性文件为补充的法律法规体系框架（表6）。

表6 国家水生动物防疫法律法规及规范性文件

分类		名称	施行日期	主要内容
法律法规	法律	中华人民共和国渔业法	1986年7月1日（2013年12月28日修正）	包括总则、养殖业、捕捞业、渔业资源的增殖和保护、法律责任及附则。明确了县级以上人民政府渔业行政主管部门应当加强对养殖生产的技术指导和病害防治工作。同时明确水产苗种的进口、出口必须实施检疫，防止病害传入境内和传出境外。
		中华人民共和国进出境动植物检疫法	1992年4月1日（2009年8月27日修正）	包括总则、进境检疫、出境检疫、过境检疫、携带邮寄物检疫、运输工具检疫、法律责任及附则。明确了国务院设立动植物检疫机关，统一管理全国进出境动植物检疫工作。贸易性动物产品出境的检疫机关，由国务院根据实际情况规定。国务院农业行政主管部门主管全国进出境动植物检疫工作。

（续）

分类		名称	施行日期	主要内容
法律法规	法律	中华人民共和国农业技术推广法	1993年7月2日（2012年8月31日修正）	包括总则、农业技术推广体系、农业技术的推广与应用、农业技术推广的保障措施、法律责任及附则。明确了各级国家农业技术推广机构属于公共服务机构，植物病虫害、动物疫病及农业灾害的监测、预报和预防是各级国家农业技术推广机构的公益性职责。
		中华人民共和国农产品质量安全法	2006年11月1日（2018年10月26日修正，2022年9月2日修订）	包括总则、农产品质量安全风险管理和标准制定、农产品产地、农产品生产、农产品销售、监督管理、法律责任及附则。明确了国家引导、推广农产品标准化生产，鼓励和支持生产绿色优质农产品，禁止生产、销售不符合国家规定的农产品质量安全标准的农产品。同时，明确了农产品生产企业、农民专业合作社、农业社会化服务组织应当建立农产品生产记录，如实记载农业投入品的名称、来源、用法、用量和使用、停用的日期，动物疫病、农作物病虫害的发生和防治情况，收获、屠宰或者捕捞的日期。
		中华人民共和国动物防疫法	1998年1月1日（2021年1月22日第二次修订）	包括总则、动物疫病的预防、动物疫情的报告、通报和公布、动物疫病的控制、动物和动物产品的检疫、病死动物和病害动物产品的无害化处理、动物诊疗、兽医管理、监督管理、保障措施、法律责任及附则。明确了国务院农业农村主管部门主管全国的动物防疫工作，县级以上地方人民政府农业农村主管部门主管本行政区域的动物防疫工作。县级以上人民政府其他有关部门在各自职责范围内做好动物防疫工作。军队动物卫生监督职能部门负责军队现役动物和饲养自用动物的防疫工作。
		中华人民共和国生物安全法	2021年4月15日	包括总则、生物安全风险防控体制、防控重大新发突发传染病、动植物疫情、生物技术研究、开发与应用安全、病原微生物实验室生物安全、人类遗传资源与生物资源安全、防范生物恐怖与生物武器威胁、生物安全能力建设、法律责任及附则。明确了疾病预防控制机构、动物疫病预防控制机构、植物病虫害预防控制机构应当对传染病、动植物疫病和列入监测范围的不明原因疾病开展主动监测，收集、分析、报告监测信息，预测新发突发传染病、动植物疫病的发生、流行趋势。

（续）

分类		名称	施行日期	主要内容
法律法规	国务院法规及规范性文件	兽药管理条例	2004年11月1日（2020年3月27日第三次修订）	包括总则、新兽药研制、兽药生产、兽药经营、兽药进出口、兽药使用、兽药监督管理、法律责任及附则。明确了水产养殖中的兽药使用、兽药残留检测和监督管理以及水产养殖过程中违法用药的行政处罚，由县级以上人民政府渔业主管部门及其所属的渔政监督管理机构负责。
		病原微生物实验室生物安全管理条例	2004年11月12日（2018年4月4日修订）	包括总则、病原微生物的分类和管理、实验室的设立与管理、实验室感染控制、监督管理、法律责任及附则。明确了国务院兽医主管部门主管与动物有关的实验室及其实验活动的生物安全监督工作。
		重大动物疫情应急条例	2005年11月18日（2017年10月7日修订）	包括总则、重大动物疫情的应急准备、重大动物疫情的监测、报告和公布、重大动物疫情的应急处理、法律责任及附则。明确了重大动物疫情应急工作按照属地管理的原则，实行政府统一领导、部门分工负责，逐级建立责任制。县级以上人民政府兽医主管部门具体负责组织重大动物疫情的监测、调查、控制、扑灭等应急工作。县级以上人民政府林业主管部门、兽医主管部门按照职责分工，加强对陆生、野生动物疫源疫病的监测。县级以上人民政府其他有关部门在各自的职责范围内，做好重大动物疫情的应急工作。
		《国务院关于推进兽医管理体制改革的若干意见》（国发〔2005〕15号）	2005年5月14日	明确了兽医管理体制改革的必要性和紧迫性、兽医管理体制改革的指导思想和目标、建立健全兽医工作体系、加强兽医队伍和工作能力建设、建立完善兽医工作的公共财经保障机制、抓紧完善兽医管理工作的法律法规体系、加强对兽医管理体制改革的组织领导七方面内容。
部门规章和规范性文件	应急管理	水生动物疫病应急预案（农办发〔2005〕11号）	2005年7月21日	包括总则、水生动物疫病应急组织体系、预防和预警机制、应急响应、后期处置、保障措施、附则及附录。明确了水生动物疫病预防与控制实行属地化、依法管理的原则。县级以上地方人民政府渔业行政主管部门对辖区内的水生动物疫病防治工作负主要责任，经所在地人民政府授权，可以指挥、调度水生动物疫病控制物质储备资源，组织开展相关工作；严格执行国家有关法律法规，依法对疫病预防、疫情报告和控制等工作实施监管。

（续）

分类		名称	施行日期	主要内容
部门规章和规范性文件	疫病预防与报告	无规定水生动物疫病苗种场评估管理办法	2023年8月8日	包括总则、申请与确认、评估、公布及监督管理。明确了农业农村部负责无规定水生动物疫病苗种场评估管理工作，制定发布了《无规定水生动物疫病苗种场建设技术规范》和评审指标。
		动物防疫条件审查办法	2022年12月1日	包括总则、动物防疫条件、审查发证、监督管理、法律责任及附则。明确了农业农村部主管全国动物防疫条件审查和监督管理工作；县级以上地方人民政府农业农村主管部门负责本行政区域内的动物防疫条件审查和监督管理工作。
		无规定动物疫病区评估管理办法	2017年5月27日	包括总则、无规定动物疫病区的评估申请、无规定动物疫病区评估、无规定动物疫病区公布及附则。明确了国务院农业部门负责无规定动物疫病区评估管理工作，制定发布了《无规定动物疫病区管理技术规范》和无规定动物疫病区评审细则。
		无规定动物疫病小区评估管理办法	2019年12月17日	包括总则、申请、评估、公布、监督管理及附则。明确了农业农村部负责无规定动物疫病小区评估管理工作，制定发布《无规定动物疫病小区管理技术规范》。
		关于印发《水生动物防疫工作实施意见》（试行）通知（国渔养〔2000〕16号）	2000年10月18日	明确了水生动物防疫工作的指导思想；水生动物防疫机构的设置和职责；水生动物防疫工作的对象；水生动物检疫标准及检测技术；水生动物防疫监测、报告和汇总分析；水生动物设病划区管理；地区间引种的风险分析；水生动物防疫技术保障体系建设；水生动物防疫应急计划；水生动物防疫执法人员资格考核和管理；水生动物防疫证章管理；水生动物防疫的收费问题等十二个方面内容。
		一、二、三类动物疫病病种名录（农业部公告第573号）	2008年12月11日（2022年6月23日修订）	包括水生动物疫病36种。其中，二类疫病14种，三类疫病22种。
		农业农村部关于印发《三类动物疫病防治规范》的通知	2022年6月23日	规定了三类动物疫病的预防、疫情报告及疫病诊治要求。适用于中华人民共和国境内三类动物疫病防治的相关活动。

（续）

分类		名称	施行日期	主要内容
部门规章和规范性文件	疫病预防与报告	关于印发《水产养殖动物疫病防控指南（试行）》的通知（农渔养函〔2022〕116号）	2022年11月11日	包括水生动物疾病预防、诊治、人员和档案管理和应急处置。适用于我国水产养殖主体对水产养殖动物疾病防控的相关活动。
		中华人民共和国进境动物检疫疫病名录（农业农村部、海关总署公告第256号）	2020年7月3日	包括水生动物疫病43种，均被列为进境检疫二类疫病。
		农业农村部关于做好动物疫情报告等有关工作的通知（农医发〔2018〕22号）	2018年6月15日	明确了动物疫情报告、通报和公布等工作的职责分工。规范了疫情报告、疫病确诊与疫情认定、疫情通报与公布、疫情举报和核查等工作的相关事项。
		《水产苗种管理办法》	2001年12月10日（2005年1月5日修订）	包括总则、种质资源保护和品种选育、生产经营管理、进出口管理及附则。明确了县级以上地方人民政府渔业行政主管部门应当加强对水产苗种的产地检疫。
		关于印发《病死及死因不明动物处置办法（试行）》的通知（农医发〔2005〕25号）	2005年10月21日	规定了病死及死因不明动物的处置办法，适用于饲养、运输、屠宰、加工、贮存、销售及诊疗等环节发现的病死及死因不明动物的报告、诊断及处置工作。
		病死畜禽和病害畜禽产品无害化处理管理办法	2022年7月1日	规定了病死畜禽和病害畜禽产品的收集、无害化处理、监督管理和法律责任等。病死水产养殖动物和病害水产养殖动物产品的无害化处理，参照本办法执行。
	兽药管理	兽药质量监督抽查检验管理办法	2023年2月5日	包括总则、兽药抽样、兽药检验、监督管理、信息公开和附则。明确了农业农村部负责组织全国兽药质量监督抽查检验工作，制订国家年度兽药质量监督抽查检验计划，根据需要对全国生产、经营、使用环节的兽药组织开展抽查检验，指导协调地方兽药质量监督抽查检验工作。
		兽药进口管理办法	2007年7月31日（2019年4月25日第一次修订，2022年1月7日第二次修订）	包括总则、兽药进口申请、进口兽药经营、监督管理及附则。明确了农业农村部负责全国进口兽药的监督管理工作，县级以上地方人民政府兽医主管部门负责本行政区域内进口兽药的监督管理工作。

（续）

分类		名称	施行日期	主要内容
部门规章和规范性文件	兽药管理	新兽药研制管理办法	2005年11月1日（2019年4月25日修订）	包括总则、临床前研究管理、临床试验审批、监督管理、罚则及附则。明确了国务院农业部门负责全国新兽药研制管理工作。
		兽药产品批准文号管理办法	2015年12月3日（2019年4月25日第一次修订，2022年1月7日第二次修订）	包括总则、兽药产品批准文号的申请和核发、兽药现场核查和抽样、监督管理、附则。明确了农业农村部负责全国兽药产品批准文号的核发和监督管理工作。
		兽用生物制品经营管理办法	2021年5月15日	在中华人民共和国境内从事兽用生物制品的分发、经营和监督管理，应当遵守本办法。明确了农业农村部负责全国兽用生物制品的监督管理工作。
		兽药注册评审工作程序	2021年4月15日	包括职责分工、评审工作方式、一般评审工作流程和要求、暂停评审计时。明确了农业农村部畜牧兽医局主管全国兽药注册评审工作。
		农业农村部办公厅关于进一步做好新版兽药GMP实施工作的通知	2021年9月14日	明确了兽药生产许可管理和兽药GMP检查验收的总体要求、厂区（厂房）布局要求、车间布局要求、设施设备要求、验证与记录要求等五方面事项。
	检疫监督管理	动物检疫管理办法	2022年12月1日	包括总则、检疫申报、产地检疫、屠宰检疫、进入无规定动物疫病区的动物检疫、官方兽医、动物检疫证章标志管理、监督管理、法律责任及附则。明确了水产苗种以外的其他水生动物及其产品不实施检疫。水产苗种产地检疫，由从事水生动物检疫的县级以上动物卫生监督机构实施。
		农业部农村部关于印发《生猪产地检疫规程》等22个动物检疫规程的通知（农牧发〔2023〕16号）	2023年4月4日	规定了鱼类、甲壳类和贝类产地检疫的检疫对象、检疫范围、申报点设置、检疫程序、检疫合格标准、检疫结果处理和检疫记录。适用于中华人民共和国境内鱼类、甲壳类和贝类的产地检疫。
		出境水生动物检验检疫监督管理办法	2007年8月31日（2018年11月23日第四次修正）	包括总则、注册登记、检验检疫、监督管理、法律责任及附则。明确了海关总署主管全国出境水生动物的检验检疫和监督管理工作。
		进境水生动物检验检疫监督管理办法	2016年7月26日（2018年11月23日修正）	包括总则、检疫准入、境外检验检疫、进境检验检疫、过境和中转检验检疫、监督管理、法律责任及附则。明确了海关总署主管全国进境水生动物的检验检疫和监督管理工作。

（续）

分类		名称	施行日期	主要内容
部门规章和规范性文件	检疫监督管理	进境动物和动物产品风险分析管理规定	2003年2月1日（2018年4月28日修订）	包括总则、进境动物、动物产品、动物遗传物质、动物源性饲料、生物制品和动物病理材料的危害因素确定、风险评估、风险管理、风险交流及附则。明确了海关总署统一管理进境动物、动物产品风险分析工作。
		中华人民共和国禁止携带、寄递进境的动植物及其产品和其他检疫物名录	2021年10月20日	禁止携带、寄递进境的动植物及其产品和其他检疫物名录包括：鱼类、甲壳类、两栖类、爬行类的活动物及动物遗传物质；水生动物产品（干制，熟制，发酵后制成的食用酱汁类水生动物产品除外）。
	实验室与动物诊疗机构管理	高致病性动物病原微生物实验室生物安全管理审批办法	2005年5月20日（2016年5月30日修订）	包括总则、实验室资格审批、实验活动审批、运输审批及附则。明确了国务院农业部门主管高致病性动物病原微生物实验室生物安全管理，县级以上人民政府兽医行政管理部门负责本行政区域内高致病性动物病原微生物实验室生物安全管理工作。
		动物病原微生物分类名录（农业部令2005年第53号）	2005年5月24日	包含水生动物病原微生物22种，均属三类病原微生物。
		农业部关于进一步规范高致病性动物病原微生物实验活动审批工作的通知（农医发〔2008〕27号）	2008年12月12日	明确了高致病动物病原微生物实验活动审批条件、规范高致病性动物病原微生物实验活动审批程序、加强高致病性动物病原微生物实验活动监督管理等三方面内容。
		动物病原微生物菌（毒）种保藏管理办法	2009年1月1日（2016年5月30日第一次修订，2022年1月7日第二次修订）	包括总则、保藏机构、菌（毒）种和样本的收集、菌（毒）种和样本的保藏及供应、菌（毒）种和样本的销毁、菌（毒）种和样本的对外交流、罚则及附则。明确了农业农村部主管全国菌（毒）种和样本保藏管理工作，县级以上地方人民政府畜牧兽医主管部门负责本行政区域内的菌（毒）种和样本保藏监督管理工作。
		检验检测机构资质认定管理办法	2015年8月1日（2021年4月2日修改）	包括总则、资质认定条件和程序、技术评审管理、监督检查、及罚则。明确了国家市场监督管理总局主管全国检验检测机构资质认定工作，并负责检验检测机构资质认定的统一管理、组织实施、综合协调工作。省级市场监督管理部门负责本行政区域内检验检测机构的资质认定工作。

（续）

分类		名称	施行日期	主要内容
部门规章和规范性文	实验室与动物诊疗机构管理	关于印发《国家兽医参考实验室管理办法》的通知（农医发〔2005〕5号）	2005年2月25日	规定了国家兽医参考实验室的职责。明确了国家兽医参考实验室由国务院农业部门指定，并对外公布。
		兽医系统实验室考核管理办法	2010年1月1日	规定了兽医系统实验室考核管理制度。明确了考核承担部门及兽医实验室应当具备的条件。
		动物诊疗机构管理办法	2022年10月7日	包括总则、诊疗许可、诊疗活动管理、法律责任及附则。明确农业农村部负责全国动物诊疗机构的监督管理。县级以上地方人民政府农业农村主管部门负责本行政区域内动物诊疗机构的监督管理。
	执业兽医与乡村兽医管理	执业兽医和乡村兽医管理办法	2022年10月7日	包括总则、执业兽医资格考试、执业备案、执业活动管理、法律责任及附则。明确了农业农村部主管全国执业兽医和乡村兽医管理工作，加强信息化建设，建立完善执业兽医和乡村兽医信息管理系统。农业农村部和省级人民政府农业农村主管部门制定实施执业兽医和乡村兽医的继续教育计划，提升执业兽医和乡村兽医素质和执业水平。县级以上地方人民政府农业农村主管部门主管本行政区域内的执业兽医和乡村兽医管理工作，加强执业兽医和乡村兽医备案、执业活动、继续教育等监督管理。
		执业兽医资格考试管理办法	2023年1月1日	包括总则、组织管理、命题组卷、考试报名、考试内容、巡考、成绩发布与证书颁发及附则。明确了执业兽医资格考试由农业农村部组织，全国统一大纲、统一命题、统一考试、统一评卷，执业兽医资格考试类别分为兽医全科类和水生动物类，包含基础、预防、临床和综合应用四门科目。
		执业兽医资格考试命题专家管理办法	2023年1月1日	包括总则、命题专家遴选、命题专家的职责、命题专家管理及附则。明确了中国动物疫病预防控制中心负责组织命题专家候选人的遴选、申报和初审工作。命题专家候选人由相关单位推荐。

（续）

分类	名称	施行日期	主要内容
部门规章和规范性文	健康养殖	《关于加快推进水产养殖业绿色发展的若干意见》（农渔发〔2019〕1号）	2019年1月11日	强调了要加强疫病防控。落实全国动植物保护能力提升工程，健全水生动物疫病防控体系，加强监测预警和风险评估，强化水生动物疫病净化和突发疫情处置，提高重大疫病防控和应急处置能力。完善渔业官方兽医队伍，全面实施水产苗种产地检疫和监督执法，推进无规定疫病水产苗种场建设。加强渔业乡村兽医备案和指导，壮大渔业执业兽医队伍。科学规范水产养殖用疫苗审批流程，支持水产养殖用疫苗推广。实施病死养殖水生动物无害化处理。

二、地方水生动物防疫相关法规体系

目前，全国已有20个省（自治区、直辖市）出台了地方《动物防疫条例》，30个省（自治区、直辖市）以及青岛市（计划单列市）出台了水生动物防疫相关办法或相关规范性文件等，对国家相关法律法规进行了补充（表7）。

表7　地方水生动物防疫相关法规及规范性文件

省份	名称	施行日期
北京	北京市动物防疫条例	2014年10月1日
	北京市实施《中华人民共和国渔业法》办法	2007年9月1日
天津	天津市动物防疫条例	2002年2月1日（2004年12月21日第一次修订，2010年9月25日第二次修订，2021年7月30日第三次修订）
	天津市渔业管理条例	2004年1月1日（2005年9月7日第一次修订，2018年12月14日第二次修订）
河北	河北省动物防疫条例	2002年12月1日
	河北省水产苗种管理办法	2011年10月9日
山西	山西省动物防疫条例	1999年8月16日（2017年9月29日第一次修订，2021年7月29日第二次修订）
内蒙古	内蒙古自治区动物防疫条例	2014年12月1日
辽宁	辽宁省水产苗种管理条例	2006年1月1日
	辽宁省水产苗种检疫实施办法	2006年4月1日
	辽宁省无规定动物疫病区管理办法	2003年9月8日（2011年2月20日第一次修订）

（续）

省份	名称	施行日期
吉林	吉林省水利厅关于印发《吉林省水生动物防疫工作实施细则》（试行）的通知	2001年11月14日
	吉林省渔业管理条例	2005年12月1日
	吉林省无规定动物疫病区建设管理条例	2011年8月1日
黑龙江	黑龙江省动物防疫条例	2001年3月1日（2017年1月1日修订）
上海	上海市动物防疫条例	2006年3月1日（2010年5月27日修订；2022年10月28日第二次修订）
	上海市水产品质量安全监督管理办法	2022年5月1日
	入沪动物及动物产品防疫监督管理办法	2023年3月1日
江苏	江苏省动物防疫条例	2013年3月1日
	江苏省水产苗种管理规定（省政府令第177号）	2023年4月1日
	江苏省水产苗种产地检疫暂行办法	2018年7月
浙江	浙江省动物防疫条例	2011年3月1日
	浙江省水产苗种管理办法	2001年4月25日
	关于水生动物检疫有关问题的通知	2011年5月19日
	关于做好渔业官方兽医资格确认工作的通知（浙农渔发〔2020〕10号）	2020年5月29日
	关于印发《浙江省水产苗种产地检疫暂行办法》的通知（浙农渔发〔2021〕3号）	2021年2月27日
安徽	《关于做好2017年度新增、变更、注销、撤销官方兽医及首批渔业官方兽医工作的通知》（皖农办牧〔2018〕39号）	2018年4月11日
	《安徽省农业农村厅关于印发安徽省水产苗种产地检疫实施细则（试行）的通知》（皖农渔〔2020〕90号）	2020年7月13日
	《安徽省农业农村厅　中共安徽省委机构编制委员会办公室关于印发安徽省加强基层动植物疫病防控体系建设工作方案的通知》（皖农人〔2022〕133号）	2022年8月30日
福建	福建省实施《中华人民共和国渔业法》办法	1989年3月10日（2007年3月28日修订，2019年11月27日第7次修正）
	福建省重要水生动物苗种和亲体管理条例	1998年9月25日（2010年7月30日修订）
	福建省动物防疫和动物产品安全管理办法	2002年01月15日
	福建省海洋与渔业厅突发水生动物疫情应急预案	2012年12月5日
	福建省动物防疫条例	2022年10月1日
	福建省水产苗种产地检疫暂行办法	2020年12月15日
江西	江西动物防疫条例	2013年5月1日

（续）

省份	名称	施行日期
江西	江西省渔业条例	2012年5月25日（2013年11月29日第一次修订，2019年9月28日第二次修订）
	江西省水产种苗管理条例	1998年8月21日（2010年9月17日第一次修订，2018年5月31日第二次修订，2019年9月28日第三次修订）
山东	山东省农业农村厅关于印发《山东省水生动物疫病应急预案》的通知（鲁农渔字〔2020〕72号）	2020年11月3日
河南	河南省水产苗种管理办法	2008年4月28日
湖北	湖北省水产苗种产地检疫工作方案	2019年5月22日
	湖北省水产苗种管理办法	2008年6月10日（2011年12月23日第一次修订，2014年12月23日第二次修订）
	湖北省动物防疫条例	2011年10月1日（2021年11月26日修订）
湖南	湖南省水产苗种管理办法	2003年8月1日
广东	关于切实做好水产苗种产地检疫工作的通知（粤海渔函〔2011〕744号）	2011年9月16日
	关于做好水产苗种产地检疫委托事宜的通知	2011年8月30日
	广东省水产品质量安全管理条例	2017年9月1日
	广东省动物防疫条例	2002年1月1日（2016年12月1日第一次修订，2021年12月1日第二次修订）
	关于加强水产苗种产地检疫工作的通知	2021年6月1日
	关于完善水产苗种产地检疫出证有关事项的通知	2021年7月6日
广西	广西壮族自治区水产畜牧兽医局关于进一步加强全区水产苗种产地检疫工作的通知	2013年4月28日
	广西壮族自治区水产苗种管理办法	1994年12月15日（1997年12月25日第一次修订，2004年6月29日第二次修订，2018年8月9日第三次修订）
	广西壮族自治区动物防疫条例	2013年1月1日
	广西壮族自治区动物检疫协检管理办法	2023年3月15日
海南	海南省无规定动物疫病区管理条例	2007年3月1日（2017年11月30日第一次修正，2021年9月30日第二次修正）
	海南省农业农村厅办公室关于印发《海南省全面推进水产苗种产地检疫工作方案》的通知	2020年6月1日
	海南省农业农村厅关于印发海南省水生动物疫病应急预案的通知（琼农字〔2024〕3号）	2024年1月2日
重庆	重庆市人民政府办公室关于印发《重庆市突发重大动物疫情应急预案》的通知（渝府办发〔2023〕82号）	2023年11月3日

（续）

省份	名称	施行日期
重庆	重庆市动物防疫条例	2013年10月1日
	重庆市农业农村委员会关于印发《重庆市全面推进实施水产苗种产地检疫制度工作方案》	2020年6月4日
四川	四川省水利厅关于印发《四川省水生动物防疫检疫工作实施意见》的通知	2002年11月6日
	四川省水产种苗管理办法	2002年1月1日
	四川省无规定动物疫病区管理办法	2012年3月1日
贵州	贵州省动物防疫条例	2005年1月1日（2018年1月1日修订）
	贵州省渔业条例	2006年1月1日（2015年7月31日第一次修订，2016年5月27日第二次修订，2018年11月29日第三次修订）
云南	云南省动物防疫条例	2003年9月1日
	云南省水产苗种产地检疫办法（试行）	2019年12月8日
陕西	陕西省水产种苗管理办法	2001年7月14日（2014年3月1日修订）
甘肃	甘肃省动物防疫条例	2014年1月1日
	甘肃省农业农村厅关于印发《甘肃省全面推进实施水产苗种产地检疫制度实施方案》的通知	2020年6月1日
	甘肃省实施《中华人民共和国渔业法》办法	2022年3月31日
青海	青海省农牧厅关于加强水产苗种引进和检疫工作的通知	2013年12月2日
	青海省动物防疫条例	2017年3月1日
	关于印发青海省鲑鳟鱼传染性造血器官坏死病疫情应急处置规范的通知（青农渔〔2019〕159号）	2019年6月12日
	青海省农业农村厅关于加强水产苗种引进监管工作的通知	2022年6月22日
宁夏	宁夏回族自治区动物防疫条例	2003年6月1日（2012年8月1日修订）
	宁夏回族自治区无规定动物疫病区管理办法	2014年3月1日
新疆	新疆维吾尔自治区水生动物防疫检疫办法	2013年3月1日
青岛	青岛市水产苗种管理办法（青岛市人民政府令第159号）	2003年11月1日
	青岛市海洋渔业管理条例	2004年3月1日（2010年10月29日第一次修订，2020年1月14日第二次修订）
	关于印发《青岛市水生动物疫病应急预案》的通知（青海发〔2020〕20号）	2020年7月30日

附　　录

附录 1　2023 年获得奖励的部分水生动物防疫技术成果

	科技奖励	
序号	项目名称	奖励等级
1	水产品中生物危害因子的检测与防控及标准化应用	2023 年度中国检验检测学会科学技术奖一等奖
2	GB/T 34733—2017《海水鱼类刺激隐核虫病诊断规程》	福建省标准贡献奖三等奖
3	鱼类嗜水气单胞菌及维氏气单胞菌感染的防控技术与示范	河南省农牧渔业丰收奖
4	对虾池塘健康养殖技术研究与推广应用	山东省农业技术推广成果优选计划一等奖
5	Analysis of the relationship between geography and body color with the genetic diversity in the Echiura worm Urechis unicinctus based on the mitochondrial CO I and D-loop sequence	2023 年辽宁省自然科学学术成果奖三等奖
6	浙江省淡水特色养殖品种病害绿色防控技术体系构建与应用	浙江省农业农村厅技术进步奖二等奖
7	淡水鱼主要和新发病毒病诊断和免疫防控技术研究及应用	中国水产科学研究院 - 青岛国信集团科技成果奖励基金二等奖
8	广东省主要淡水鱼类病毒病诊断和免疫防控技术研究及应用	岭南动植物科学技术奖一等奖
9	现代化水产生态健康养殖全流程保障技术体系创新研究及产业化应用	广西科学院科学技术奖一等奖
10	跨境新型水生动物疫病防控关键技术与应用	2023 年度深圳市科学技术奖科技进步二等奖
11	重要水生动物疫病防控技术研究与应用	2023 年度中国商业联合会科学技术进步奖一等奖

附录2 《全国动植物保护能力提升工程建设规划（2017—2025年）》实施情况（截至2023年年底）

（1）水生动物疫病监测预警能力建设项目进展情况

序号	项目名称	建设性质	项目建设进展情况
（一）国家级项目（规划2个）			
1	国家水生动物疫病监测及流行病学中心建设项目	新建	筹备中
2	国家水生动物疫病监测参考物质中心建设项目	新建	已完成
（二）省级项目（规划29个）			
1	天津市水生动物疫病监控中心建设项目	新建	已完成
2	河北省水生动物疫病监控中心建设项目	续建	已完成
3	山西省水生动物疫病监控中心建设项目	新建	已启动
4	内蒙古自治区水生动物疫病监控中心建设项目	新建	已完成
5	辽宁省水生动物疫病监控中心建设项目	续建	已完成
6	吉林省水生动物疫病监控中心建设项目	新建	已完成
7	黑龙江省水生动物疫病监控中心建设项目	新建	已完成
8	上海市水生动物疫病监控中心建设项目	新建	已完成
9	浙江省水生动物疫病监控中心建设项目	续建	已完成
10	安徽省水生动物疫病监控中心建设项目	续建	已完成
11	福建省水生动物疫病监控中心建设项目	续建	已启动
12	江西省水生动物疫病监控中心建设项目	续建	已完成
13	山东省水生动物疫病监控中心建设项目	续建	已启动
14	河南省水生动物疫病监控中心建设项目	新建	已完成
15	湖北省水生动物疫病监控中心建设项目	续建	已完成
16	湖南省水生动物疫病监控中心建设项目	续建	已完成
17	广东省水生动物疫病监控中心建设项目	新建	筹备中
18	广西壮族自治区水生动物疫病监控中心建设项目	续建	已启动
19	海南省水生动物疫病监控中心建设项目	续建	已完成
20	重庆市水生动物疫病监控中心建设项目	新建	已完成
21	四川省水生动物疫病监控中心建设项目	续建	已启动
22	贵州省水生动物疫病监控中心建设项目	新建	已启动
23	云南省水生动物疫病监控中心建设项目	新建	已完成
24	陕西省水生动物疫病监控中心建设项目	新建	已完成（待验收）

（续）

序号	项目名称	建设性质	项目建设进展情况
25	甘肃省水生动物疫病监控中心建设项目	新建	已完成
26	青海省水生动物疫病监控中心建设项目	新建	已启动
27	宁夏回族自治区水生动物疫病监控中心建设项目	新建	已完成
28	新疆维吾尔自治区水生动物疫病监控中心建设项目	新建	已启动
29	新疆生产建设兵团水生动物疫病监控中心建设项目	新建	筹备中
（三）区域项目（规划46个，其中河北2个、辽宁4个、江苏4个、浙江4个、安徽3个、福建4个、江西3个、山东4个、河南2个、湖北4个、湖南3个、广东4个、广西3个、四川2个）			
1	唐山市水生动物疫病监控中心建设项目	新建	已完成
2	张家口市水生动物疫病监控中心建设项目	新建	已启动
3	锦州市水生动物疫病监控中心建设项目	新建	已完成
4	沈阳市水生动物疫病监控中心建设项目	新建	已完成（待验收）
5	盘锦市水生动物疫病监控中心建设项目	新建	已完成
6	连云港市水生动物疫病监控中心建设项目	新建	已完成
7	金华市水生动物疫病监控中心建社项目	新建	已启动
8	湖州市水生动物疫病监控中心建设项目	新建	已启动
9	合肥市水生动物疫病监控中心建设项目	新建	已启动
10	淮南市水生动物疫病监控中心建设项目	新建	已完成
11	福州市水生动物疫病监控中心建设项目	新建	已完成
12	九江市水生动物疫病监控中心建设项目	新建	已完成
13	南昌市水生动物疫病监控中心建设项目	新建	已启动
14	赣州市水生动物疫病监控中心建设项目	新建	已启动
15	东营市水生动物疫病监控中心建设项目	新建	已完成
16	滨州市水生动物疫病监控中心建设项目	新建	已完成
17	烟台市水生动物疫病监控中心建设项目	新建	已完成
18	济宁市水生动物疫病监控中心建设项目	新建	已完成（待验收）
19	信阳市水生动物疫病监控中心建设项目	新建	已完成
20	开封市水生动物疫病监控中心建设项目	新建	已完成
21	黄冈市水生动物疫病监控中心建设项目	新建	已完成
22	武汉市水生动物疫病监控中心建设项目	新建	已完成
23	黄石市水生动物疫病监控中心建设项目	新建	已完成
24	宜昌市水生动物疫病监控中心建设项目	新建	已完成
25	常德市水生动物疫病监控中心建设项目	新建	已完成
26	岳阳市水生动物疫病监控中心建设项目	新建	已完成（待验收）
27	衡阳市水生动物疫病监控中心建设项目	新建	已完成

（续）

序号	项目名称	建设性质	项目建设进展情况
28	佛山市水生动物疫病监控中心建设项目	新建	已完成
29	汕尾市水生动物疫病监控中心建设项目	新建	已启动
30	柳州市水生动物疫病监控中心建设项目	新建	已完成（待验收）
31	梧州市水生动物疫病监控中心建设项目	新建	已完成（待验收）
32	钦州市水生动物疫病监控中心建设项目	新建	已启动
33	广元市水生动物疫病监控中心建设项目	新建	已完成
34	内江市水生动物疫病监控中心建设项目	新建	已启动
35	大连市水生动物疫病监控中心建设项目	新建	已完成
36	宁波市水生动物疫病监控中心建设项目	新建	已完成

（2）水生动物防疫技术支撑能力建设项目进展情况

序号	项目名称	依托单位	项目建设进展情况
（一）水生动物疫病综合实验室建设项目（规划5个）			
1	水生动物疫病综合实验室建设项目	江苏省水生动物疫病预防控制中心（江苏省渔业技术推广中心）	已完成
2	水生动物疫病综合实验室建设项目	中国水产科学研究院长江水产研究所	已完成
3	水生动物疫病综合实验室建设项目	中国水产科学研究院珠江水产研究所	已完成
4	水生动物疫病综合实验室建设项目	中国水产科学研究院黄海水产研究所	已完成（待验收）
5	水生动物疫病综合实验室建设项目	福建省淡水水产研究所	已启动
（二）水生动物疫病专业实验室建设项目（规划12个）			
1	水生动物疫病专业实验室建设项目	浙江省淡水水产研究所	已完成
2	水生动物疫病专业实验室建设项目	中国水产科学研究院南海水产研究所	已完成
3	水生动物疫病专业实验室建设项目	中国水产科学研究院淡水渔业研究中心	已完成
4	水生动物疫病专业实验室建设项目	中国水产科学研究院东海水产研究所	已完成
5	水生动物疫病专业实验室建设项目	中国水产科学研究院黑龙江水产研究所	已完成（待验收）
6	水生动物疫病专业实验室建设项目	天津市水生动物疫病预防控制机构	已完成
7	水生动物疫病专业实验室建设项目	广东省水生动物疫病预防控制机构	筹备中
8	水生动物疫病专业实验室建设项目	中山大学	筹备中
9	水生动物疫病专业实验室建设项目	中国海洋大学	筹备中
10	水生动物疫病专业实验室建设项目	华中农业大学	已完成（待验收）
11	水生动物疫病专业实验室建设项目	华东理工大学	已完成（待验收）
12	水生动物疫病专业实验室建设项目	上海海洋大学	已启动

（续）

序号	项目名称	依托单位	项目建设进展情况
（三）水生动物疫病综合试验基地建设项目（规划3个）			
1	水生动物疫病综合试验基地建设项目	中国水产科学研究院黄海水产研究所	筹备中
2	水生动物疫病综合试验基地建设项目	中国水产科学研究院长江水产研究所	筹备中
3	水生动物疫病综合试验基地建设项目	中国水产科学研究院珠江水产研究所	筹备中
（四）水生动物疫病专业试验基地建设项目（规划4个）			
1	水生动物疫病专业试验基地建设项目	中国水产科学研究院东海水产研究所	已完成
2	水生动物疫病专业试验基地建设项目	中国水产科学研究院南海水产研究所	已启动
3	水生动物疫病专业试验基地建设项目	中国水产科学研究院淡水渔业研究中心	已启动
4	水生动物疫病专业试验基地建设项目	中国水产科学研究院黑龙江水产研究所	筹备中
（五）水生动物外来疫病分中心建设项目（规划1个）			
1	国家水生外来动物疫病分中心建设项目	中国水产科学研究院黄海水产研究所	已列入2024年投资计划

附录3　2023年发布水产养殖病害防治相关标准

（1）行业标准

序号	标准名称	标准号
1	贝类包纳米虫病诊断方法	GB/T 42821—2023
2	蜱螨壶菌检疫技术规范	SN/T 5605—2023
3	十足目虹彩病毒1感染检疫技术规范	SN/T 5487—2023
4	鲁氏耶尔森氏菌检测技术规范	SN/T 5665—2023

（2）地方标准

序号	省份	标准名称	代号
1	北京	水产养殖动物疫区划定与处理技术规范	DB11/T 676—2023
2	青海	鲑鳟鱼养殖无规定疫病苗种场管理技术规范	DB63/T 2170—2023

附录4　全国省级（含计划单列市）水生动物疫病预防控制机构状况（截至2024年2月）

序号	省（自治区、直辖市）	机构名称	备注
1	北京	北京市水产技术推广站（北京市鱼病防治站）	在北京市水产技术推广站加挂牌子
2	天津	天津市动物疫病预防控制中心	具有水生动物疫病预防控制机构职能
3	河北	河北省水产技术推广总站（河北省水生动物疫病监控中心、河北省水产品质量检验监测站）	在河北省水产技术推广总站加挂牌子
4	山西	山西省水产技术推广服务中心	具有水生动物疫病预防控制机构职能
5	内蒙古	内蒙古自治区农牧业技术推广中心	具有水生动物疫病预防控制机构职能
6	辽宁	辽宁省水产技术推广站	共同承担辖区内水生动物疫病预防控制机构职责
		辽宁省现代农业生产基地建设工程中心	
7	吉林	吉林省水生动物防疫检疫与病害防治中心	在吉林省水产技术推广总站加挂牌子
8	黑龙江	黑龙江省渔业病害防治环境监测中心	在黑龙江水产技术推广总站加挂牌子
9	上海	上海市水产研究所（上海市水产技术推广站）	具有水生动物疫病预防控制机构职能
10	江苏	江苏省渔业技术推广中心（省渔业生态环境监测站、省水生动物疫病预防控制中心、省水产品质量安全中心）	在江苏省渔业技术推广中心加挂牌子
11	浙江	浙江省水产技术推广总站（浙江省渔业检验检测与疫病防控中心）	在浙江省水产技术推广总站加挂牌子
12	安徽	安徽省水产技术推广总站	具有水生动物疫病预防控制机构职能
13	福建	福建省水产技术推广总站（福建省水生动物疫病预防控制中心）	在福建省水产技术推广总站加挂牌子
14	江西	江西省农业技术推广中心	具有水生动物疫病预防控制机构职能
15	山东	山东省渔业发展和资源养护总站	共同承担辖区内水生动物疫病预防控制机构职责
		山东省海洋科学研究院	
		山东省淡水渔业研究院	
16	河南	河南省水产技术推广站	具有水生动物疫病预防控制机构职能
17	湖北	湖北省鱼类病害防治及预测预报中心	在湖北省水产科学研究所加挂牌子
18	湖南	湖南省水生动物防疫检疫站	湖南省畜牧水产事务中心内设机构
19	广东	广东省动物疫病预防控制中心（广东省动物卫生检疫所）	具有水生动物疫病预防控制机构职能
20	广西	广西壮族自治区渔业病害防治环境监测和质量检验中心	共同承担辖区内水生动物疫病预防控制机构职责
		广西壮族自治区水产技术推广站	

（续）

序号	省（自治区、直辖市）	机构名称	备注
21	海南	海南省水产技术推广站	在海南省水产品质量安全检测中心加挂牌子
22	重庆	重庆市水生动物疫病预防控制中心	在重庆市水产技术推广总站加挂牌子
23	四川	四川省水产局	具有水生动物疫病预防控制机构职能
24	贵州	贵州省水产技术推广站	具有水生动物疫病预防控制机构职能
25	云南	云南省渔业科学研究院	具有水生动物疫病预防控制机构职能
26	陕西	陕西省水生动物防疫检疫中心（陕西省水产养殖病害防治中心）	在陕西省水产研究与技术推广总站加挂牌子
27	甘肃	甘肃省水生动物疫病预防控制中心	在甘肃省渔业技术推广总站加挂牌子
28	青海	青海省水生动物疫病防控中心	在青海省渔业技术推广中心加挂牌子
29	宁夏	宁夏回族自治区鱼病防治中心	在宁夏回族自治区水产技术推广站加挂牌子
30	新疆	新疆维吾尔自治区渔业病害防治中心	新疆维吾尔自治区水产技术推广总站加挂牌子
31	新疆生产建设兵团	新疆生产建设兵团渔业病害防治检测中心	在新疆生产建设兵团水产技术推广总站加挂牌子
32	大连	大连市水产技术推广总站	在大连市海洋发展事务服务中心加挂牌子，具有水生动物疫病预防控制机构职能
33	青岛	青岛市渔业技术推广站	具有水生动物疫病预防控制机构职能
34	宁波	宁波市渔业检验监测与疫病防控中心	在宁波市海洋与渔业研究院（宁波市渔业技术推广总站）加挂牌子
35	厦门	厦门市海洋与渔业研究所	具有水生动物疫病预防控制机构职能
36	深圳	深圳市水生动物防疫检疫站	在深圳市渔业发展研究中心加挂牌子

附录5　全国地（市）、县（市）级水生动物疫病预防控制机构情况

序号	省（自治区、直辖市）	地（市）级		县（市）级	
		辖区内地（市）级疫控机构数量	其中建设水生动物防疫实验室数量	辖区内县（市）级疫控机构数量	其中建设水水生动物防疫实验室数量
1	北京	13	10	0	0
2	天津	12	12	0	0
3	河北	11	3	27	14
4	山西	0	0	2	0
5	内蒙古	12	0	41	6
6	辽宁	6	1	26	22
7	吉林	5	2	23	10
8	黑龙江	12	0	58	22
9	上海	9	2	0	0
10	江苏	13	1	70	46
11	浙江	11	11	80	46
12	安徽	0	3	0	0
13	福建	9	9	70	33
14	江西	3	3	0	0
15	山东	15	11	109	42
16	河南	18	2	0	20
17	湖北	9	5	46	46
18	湖南	14	4	44	37
19	广东	21	15	82	46
20	广西	14	10	92	43
21	海南	2	2	5	3
22	重庆	25	15	0	0
23	四川	6	3	64	13
24	贵州	6	0	39	6
25	云南	0	0	13	13
26	陕西	3	0	6	6
27	甘肃	0	0	0	0
28	青海	0	0	0	0
29	宁夏	0	0	9	9
30	新疆	1	0	15	2

（续）

序号	省（自治区、直辖市）	地（市）级		县（市）级	
		辖区内地（市）级疫控机构数量	其中建设水生动物防疫实验室数量	辖区内县（市）级疫控机构数量	其中建设水水生动物防疫实验室数量
31	新疆生产建设兵团	0	0	1	1
32	大连	1	1	6	6
33	青岛	0	0	7	5
34	宁波	0	0	6	6
35	厦门	1	1	0	0
36	深圳	1	1	0	0
合计		253	127	941	503

附录6　现代农业产业技术体系渔业领域首席科学家及病害岗位科学家名单

序号	体系名称	首席科学家		疾病防控研究室（病虫害防控研究室）		
				岗位名称	岗位科学家	
		姓名	工作单位		姓名	工作单位
1	大宗淡水鱼	戈贤平	中国水产科学研究院淡水渔业研究中心	病毒病防控	周勇	中国水产科学研究院长江水产研究所
				细菌病防控	石存斌	中国水产科学研究院珠江水产研究所
				寄生虫病防控	李文祥	中国科学院水生生物研究所
				中草药渔药产品开发	谢骏	中国水产科学研究院淡水渔业研究中心
				渔药研发与临床应用	吕利群	上海海洋大学
				外来物种入侵防控	顾党恩	中国水产科学研究院珠江水产研究所
2	特色淡水鱼	杨弘	中国水产科学研究院淡水渔业研究中心	病毒病防控	郭长军	中山大学
				细菌病防控	张永安	华中农业大学
				寄生虫病防控	顾泽茂	华中农业大学
				环境胁迫性疾病防控	李文笙	中山大学
				免疫及综合防控	陈善楠	中国科学院水生生物研究所
3	海水鱼	关长涛	中国水产科学研究院黄海水产研究所	病毒病防控	秦启伟	华南农业大学
				细菌病防控	王启要	华东理工大学
				寄生虫病防控	章晋勇	青岛农业大学
				环境胁迫性疾病与综合防控	陈新华	福建农林大学

（续）

序号	体系名称	首席科学家		疾病防控研究室（病虫害防控研究室）		
				岗位名称	岗位科学家	
		姓名	工作单位		姓名	工作单位
4	虾蟹	何建国	中山大学	病毒病防控	李钫	自然资源部第三海洋研究所
				细菌病防控	张庆利	中国水产科学研究院黄海水产研究所
				寄生虫病防控	姜洪波	沈阳农业大学
				靶位与药物开发	李富花	中国科学院海洋研究所
				虾病害生态防控	黄志坚	中山大学
				蟹病害生态防控	郭志勋	中国水产科学研究院南海水产研究所
5	贝类	宋林生	大连海洋大学	病毒病防控	白昌明	中国水产科学研究院黄海水产研究所
				细菌病防控	宋林生	大连海洋大学
				寄生虫病防控	叶灵通	中国水产科学研究院南海水产研究所
				环境胁迫性疾病防控	李莉	中国科学院海洋研究所
6	藻类	逄少军	中国科学院海洋研究所	病害防控	李杰	中国水产科学研究院黄海水产研究所
				有害藻类综合防控	王广策	中国科学院海洋研究所

附录7　第三届农业农村部水产养殖病害防治专家委员会名单

序号	姓名	性别	工作单位	职务／职称
主任委员				
1	江开勇	男	农业农村部渔业渔政管理局	副局长
副主任委员				
2	李　清	女	全国水产技术推广总站	总工程师／研究员
3	何建国	男	中山大学	教授
4	宋林生	男	大连海洋大学	校长／教授
5	战文斌	男	中国海洋大学	教授
6	王桂堂	男	中国科学院水生生物研究所	研究员
顾问委员（按姓氏笔画排序）				
7	王印庚	男	中国水产科学研究院黄海水产研究所	研究员
8	江育林	男	深圳海关	研究员
9	沈锦玉	女	浙江省淡水水产研究所	研究员
10	张元兴	男	华东理工大学	教授
11	黄　健	男	中国水产科学研究院黄海水产研究所	研究员
12	曾令兵	男	中国水产科学研究院长江水产研究所	研究员
秘书长				
13	冯东岳	男	全国水产技术推广总站	处长／正高级农艺师
委员（按姓氏笔画排序）				
14	丁雪燕	女	浙江省水产技术推广总站	站长／推广研究员
15	习丙文	男	中国水产科学研究院淡水渔业研究中心	副主任／研究员
16	王　庆	女	中国水产科学研究院珠江水产研究所	主任／研究员
17	王江勇	男	惠州学院	研究员
18	王启要	男	华东理工大学	副院长／教授
19	王静波	女	北京市水产技术推广站	正高级兽医师
20	方　苹	女	江苏省渔业技术推广中心	科长／研究员
21	孔祥会	男	河南师范大学	院长／教授
22	艾晓辉	男	中国水产科学研究院长江水产研究所	研究室主任／研究员
23	卢彤岩	女	中国水产科学研究院黑龙江水产研究所	主任／研究员
24	叶仕根	男	大连海洋大学	副院长／教授
25	白昌明	男	中国水产科学研究院黄海水产研究所	副研究员
26	刘　彤	男	大连市海洋发展事务服务中心	副主任／研究员
27	刘　荭	女	深圳海关	研究员

（续）

序号	姓名	性别	工作单位	职务／职称
28	许文军	男	浙江省海洋水产研究所	所长／教授
29	孙金生	男	天津师范大学	院长／研究员
30	李 杰	男	中国水产科学研究院黄海水产研究所	副主任／副研究员
31	李安兴	男	中山大学	教授
32	吴绍强	男	中国检验检疫科学研究院	所长／研究员
33	吴珊珊	女	农业农村部渔业渔政管理局	二级调研员
34	何天良	男	安徽农业大学	副教授
35	张永安	男	华中农业大学	院长／教授
36	张庆利	男	中国水产科学研究院黄海水产研究所	主任／研究员
37	陈家勇	男	农业农村部渔业渔政管理局	处长／一级调研员
38	陈新华	男	福建农林大学	院长／教授
39	林 蠡	男	仲恺农业工程学院	院长／教授
40	周永灿	男	海南大学	院长／教授
41	房文红	男	中国水产科学研究院东海水产研究所	处长／研究员
42	赵 哲	男	河海大学	副院长／教授
43	胡 鲲	男	上海海洋大学	主任／教授
44	段宏安	男	连云港海关	研究员
45	姜敬哲	男	中国水产科学研究院南海水产研究所	副主任／研究员
46	姚嘉赟	男	浙江省淡水水产研究所	主任／研究员
47	秦启伟	男	华南农业大学	院长／教授
48	耿 毅	男	四川农业大学	主任／教授
49	顾泽茂	男	华中农业大学	副院长／教授
50	徐立蒲	男	北京市水产技术推广站	研究员
51	黄文树	男	集美大学	副院长／教授
52	龚 晖	男	福建省农业科学院生物技术研究所	研究员
53	章晋勇	男	青岛农业大学	教授
54	董 宣	男	中国水产科学研究院黄海水产研究所	副研究员
55	鲁义善	男	广东海洋大学	副院长／教授
56	曾 昊	男	农业农村部渔业渔政管理局	一级调研员
57	鄢庆枇	男	集美大学	教授
58	樊海平	男	福建省淡水水产研究所	研究员

附录8　第一届全国水产标准化技术委员会水产养殖病害防治分技术委员会委员名单

序号	姓名	性别	工作单位	职务／职称
主任委员				
1	李　清	女	全国水产技术推广总站	总工程师/研究员
副主任委员				
2	何建国	男	中山大学	教授
3	战文斌	男	中国海洋大学	教授
秘书长				
4	冯东岳	男	全国水产技术推广总站	处长/正高级农艺师
委员（按姓氏笔画排序）				
5	王　凡	女	福建省水产技术推广总站	科长/高级工程师
6	王　庆	女	中国水产科学研究院珠江水产研究所	主任/研究员
7	王江勇	男	惠州学院	研究员
8	王桂堂	男	中国科学院水生生物研究所、中国科学院大学	研究员
9	王高学	男	西北农林科技大学	系主任/教授
10	王高歌	女	中国海洋大学	教授
11	方　苹	女	江苏省渔业技术推广中心	科长/研究员
12	孔　健	女	山东大学微生物技术研究院	教授
13	白昌明	男	中国水产科学研究院黄海水产研究所	副研究员
14	冯　娟	女	中国水产科学研究院南海水产研究所	研究员
15	刘　彤	男	大连市海洋发展事务服务中心	副主任/研究员
16	刘　荭	女	深圳海关动植物检验检疫技术中心	研究员
17	刘　敏	女	东北农业大学	教授
18	李旭东	男	河南省水产技术推广站	科长/高级水产师
19	杨　冰	女	中国水产科学研究院黄海水产研究所	研究员
20	杨　锐	女	宁波大学	研究员
21	杨质楠	女	吉林省水产技术推广总站	副站长/正高级工程师
22	吴　斌	男	福建省淡水水产研究所	副所长/高级工程师
23	沈锦玉	女	浙江省淡水水产研究所	研究员
24	张朝晖	男	江苏省渔业技术推广中心	研究员
25	房文红	男	中国水产科学研究院东海水产研究所	处长/研究员
26	胡　鲲	男	上海海洋大学	主任/教授
27	段宏安	男	中华人民共和国连云港海关	检疫总监/研究员

（续）

序号	姓名	性别	工作单位	职务／职称
28	莫照兰	女	中国海洋大学	教授
29	徐立蒲	男	北京市水产技术推广站	科长／研究员
30	章晋勇	男	青岛农业大学	教授
31	覃映雪	女	集美大学	教授
32	曾令兵	男	中国水产科学研究院长江水产研究所	研究员
33	曾伟伟	男	佛山科学技术学院	教授
34	樊海平	男	福建省淡水水产研究所	研究员

图书在版编目（CIP）数据

2024中国水生动物卫生状况报告 / 农业农村部渔业渔政管理局, 全国水产技术推广总站编. -- 北京 : 中国农业出版社, 2024.8. -- ISBN 978-7-109-32339-1

Ⅰ. S94

中国国家版本馆CIP数据核字第2024FS2864号

2024 ZHONGGUO SHUISHENG DONGWU WEISHENG
ZHUANGKUANG BAOGAO

中国农业出版社出版

地址：北京市朝阳区麦子店街18号楼

邮编：100125

责任编辑：王金环

版式设计：王　怡　　责任校对：吴丽婷　　责任印制：王　宏

印刷：中农印务有限公司

版次：2024年8月第1版

印次：2024年8月北京第1次印刷

发行：新华书店北京发行所

开本：889mm×1194mm　1/16

印张：5.75

字数：190千字

定价：80.00元